NONFICTION
論創ノンフィクション
042

引き裂かれた海

長崎・国営諫早湾干拓事業の中で

吉崎 健

論創社

プロローグ

「延長一一回だけを見せられている感じなんだよね」

友人の新聞記者は言った。かつて彼は、諫早支局で諫早湾干拓を取材していた経験がある。長崎県の諫早湾で進められてきた巨大公共事業「国営諫早湾干拓」。諫早湾干拓を巡っては裁判がいくつも起こされ、今なお混迷を極めている。漁民が国を相手に、干拓のために造られた堤防の排水門を「開門する」よう求めて訴える。農民が国を相手に「開門しない」ことを求めて訴える。

「開門」と「非開門」の相反する判決が出された。そして、国は「開門」を命じられた〝確定判決〟の「無力化」を求める裁判を起こす。この裁判は最高裁判所に持ち込まれ、国が勝てば、泥沼化し長期化するこの問題も終わりになるのではないかとも囁かれる状況に至った。二〇一九年九月、その最高裁判決。判決は国の訴えを認めた二審判決を破棄し、福岡高裁への差し戻しを命じた。結局、審理は差し戻され、法廷での闘いは続くことになった。

私は、二〇一九年から二〇二〇年にかけて、ETV特集「引き裂かれた海〜長崎・国営諫早湾干拓事業の中で〜」（二〇二〇年六月放送・全国）など、諫早湾干拓の今を描く番組を四本制作し、放送した。その取材を元に書籍化しないかと打診され、どうしようか悩んでいたときに、友人の新聞記者は言ったのだった。

「どちらか一方の当事者じゃなくて、吉崎さんのような立場で、しかも単なる両論併記ではないかたちで、書いてくれれば」

諫早湾干拓は二〇〇八年三月に完成し、同年四月から営農が始まった。六七二ヘクタールの広大な干拓農地には、現在三五経営体（個人や法人）が入植し、営農している（二〇二二年三月時点）。

今年（二〇二二年）は、〝ギロチン〟と言われた一九九七年の諫早湾の閉め切りからちょうど二五年。最初に干拓が構想された一九五二年からは七〇年が経つ。

どうして今なお揉め続けているのか？

なぜ諫早湾干拓は造られたのか？

そこに暮らす漁民や農民はどういう思いなのか？問題が長期化し、混迷を深める中で、これまでの経緯を知らない人が増え、国民の関心も薄らいでいく。

私は、諫早湾の三分の一が閉め切られた一九九七年の夏に、ＮＨＫの東京から長崎放送局に異動し、二〇〇二年まで勤務した。赴任した当時、マスコミは連日、湾が閉め切られたあと、日本最大級の広大な諫早の干潟が日に日に干上がっていく光景と、そこで死んでいく大量のムツゴロウやカニや貝の姿を映し出していた。

海水をもう一度入れて干潟を元に戻すべきだという、環境問題に取り組む人々を中心とした全国からの声。一方で、干潟の生物より人間が大事であり、これで水害を防ぐことができるという地元の諫早市民の声。ムツゴロウを象徴とした、失われていく干潟に関心が集まっていた。

しかし私は、残された三分の二の海がどうなっているのかが気になっていた。湾を閉め切った堤防のすぐ外側に位置する、小長井町（こながいちょう）（現・諫早市小長井町）の漁師さんたちの取材を始めた。小長井町漁協は、諫早湾に一二あった漁協の中で、最後まで干拓に反対していた漁協だった。そこでは、想像以上に大変なことが起きていた。漁の中心だった大型の高級二枚貝・タイラギが死滅し、休漁を余儀なくされていたのだ。漁師たちは追い詰められ、諫早湾での漁をあきらめて陸に上がる人も少なくなかった。

転勤で長崎を離れるまでに、何本ものリポートや番組を制作し、現状を伝えた。しかし、その取材は簡単ではなかった。海では赤潮が多発、魚や貝が大量に死に、養殖ノリが色落ちするなど、異変が相次いでいた。漁民たちは、干拓工事の影響と主張したが、干拓事業を進める農林水産省（以下、農水省）は、「海の異変と干拓工事との因果関係は不明」とし、そのまま干拓工事を推し進めていた。

不漁の海で、それでも漁を続ける漁師。魚介類が獲れなくなり、経営する水産加工工場が倒産した人。漁をあきらめ、干拓工事で働き始めた漁師……。かつては共に漁に出て、酒を酌み交わしていた仲間たちは、バラバラに別れ、時には対立する立場になっていたのである。取材に行っても「何しに来たのか」と怒鳴られ、「そっとしておいてくれ」と取材を拒否されることが相次いだ。

私が長崎を離れるとき、問題はまったく解決していなかった。それどころか、余計にこじれていきそうだと感じていた。私は、取材先の人たちを後輩に紹介し、あとを引き継いでくれるよう頼んで、転勤した。その後、後輩たちは本当によく引き継いで、何人ものディレクターがその時々の諫早を取材し、記録してくれた。私が最初に行ったときには取材拒否だった人の中には、後輩ディレクターの努力や環境の変化、心境の変化もあって、取材に応じてくれるようになった人もいた。

二〇一九年六月、私は六年間の熊本局勤務を経て、福岡局に異動した。そして、同年九月の最高裁判決。これで諫早湾干拓の問題が終わりになるかもしれないという状況だったが、局内での関心は薄かった。一九九七年の〝ギロチン〟の記憶はあり、何かこじれて面倒なことになっているという認識もある。しかし、その後、実際のところはどうなっているのかはよくわからない。これまでの経緯や問題意識は風化していると感じた。しかも今、長崎局に諫早をテーマに継続的に追いかけているディレクターや記者もいない。

長崎を離れてからも諫早に関心を抱き続けていた私は、時間が経過し、こじれにこじれたこの問題に再び関われば、相当大変なことになるだろうと、すぐに予想できた。このときの私には、「関わるのは大変だ」という気持ちと、「自分がやらなければ誰がやるんだ」という気持ちがあった。そして、結局、一七年ぶりに再び諫早に向かうことになった。かつて私が後輩に引き継ぎ、託したテーマを、今度は私が、再び引き継ぐかたちになった。そこには、問題が長期化・複雑化する中で、予想を超えたさらなる困難が待ちうけていた。

メディアで諫早湾干拓の問題が紹介されるとき、「漁民」対「農民」、あるいは「開門派」対「非開門派」、「干拓推進派」対「反対派」の対立と見なされることが多いように思う。実際に現場を取材すると、互いに話し合いすらできない状況で、同じ地域に暮らしているのに顔を合わせることもむずかしい。住民たちは分断されているのだ。

干拓地で営農する農民を取材していて、「お前は開門派か！」と怒鳴られ、取材できなかったこともあった。確かに表面的には対立しているように見える。しかし、果たして本当にそうなのか。干拓事業の主体は国＝農水省であり、干拓地での営農を支援し、推進しているのは長崎県である。裁判も、争っているのは「国」・「長崎県」対「漁民や開門派の人々」、そして「国」対「農民や非開門派の人々」である。「漁民」対「農民」、あるいは「開門派」対「非開門派」という見方にとらわれていると、本当の当事者である、国や県の姿が見えなくなってしまう。あるいは、姿を見せないようにしているかのようだ。

かつて豊穣の海からの恩恵を受けて暮らしていた沿岸の人々は漁業だけではない。魚屋さんはもちろんのこと、魚介類の卸業、地元の魚や貝、名物のウナギを出す飲食店、漁船や漁具の製造・修理業をはじめとした地域全体にその影響は及ぶ。多くの人々が経済的にも疲弊し、将来が見通せない状況だ。問題は、今も続いている。

諫早湾干拓事業を巡り、最高裁判所がやり直しを命じた裁判で、二〇二一年四月、福岡高等裁判所は「話し合いによる解決のほかに方法はない」として、漁業者と国の双方に「和解」によって解決をはかるよう求めた。漁民側はこれを歓迎した。だが国は、高裁から何度も促されたにもかかわらず、話し合いにまったく応じようとせず、和解を拒否した。

そして、二〇二二年三月二五日、福岡高裁から判決が出された。判決は、国の主張を認め、開門の命令を無効とした。確定判決に従わない国側の異例の対応を、司法も追認するかたちとなった。

国が「事情の変化」として主張する「漁獲量は増加傾向」など、国側の訴えを全面的に認める内容。漁民側は「すべて事実誤認」とし、本当に漁獲が増加しているなら裁判などしないと怒りをあらわにした。判決は、「付言」として「双方当事者が、有明海や周辺地域の再生や発展に向けた協議を継続、加速させる必要がある」とは述べた。とはいえ、判決によって両者の溝は一層深まり、混迷はさらに深まっていくように思われる。

福岡高裁は、これまで「和解勧告」を出し、双方に粘り強く話し合いの道を促し、解決方法を探ろうとしてきていた。それだけに、最高裁判所が差し戻しを命じてからの二年半は、一体何だったのかと思わざるをえない。不可解な判決だった。四月、漁民側は上告した。

動き出したら止まらないといわれる巨大公共事業と、それに翻弄される住民たち、そして自然環境の劇的な変化。全国各地で繰り返される、古くて新しい、そして困難をはらんだ問題の縮図ともいえる諫早湾干拓の問題が風化し忘れ去られてはならない。微力ながら、取材を通して見えたこと感じたことを、書き残すことができればと思う。

二〇二二年五月

引き裂かれた海

長崎・国営諫早湾干拓事業の中で

第6章　引き裂かれた海

第7章　諫早湾干拓事業の行方

第1章　諫早の海に生きる漁師

1 異変が続く海で漁を続ける——漁師・松永秀則さん

魚介類が激減した海で

長崎をはじめ、佐賀、福岡、熊本の四県に囲まれた有明海。南北に長い、その内海の南西部に諫早湾はある（図1）。湾は、その三分の一が全長七キロの「潮受堤防」で閉め切られている。堤防の上には道路が造られ、対岸まで車で通行できるようになっている。車で法定速度の時速五〇キロメートルで走ると対岸まで約八分かかる。

実際に現場に立つと、その大きさに圧倒される。ここが、かつて〝ギロチン〟と言われた、二九三枚の鋼板を一気に落とし、一九九七（平成九）年四月一四日に湾を閉め切った場所である。海の中を横切って、石垣で囲わ

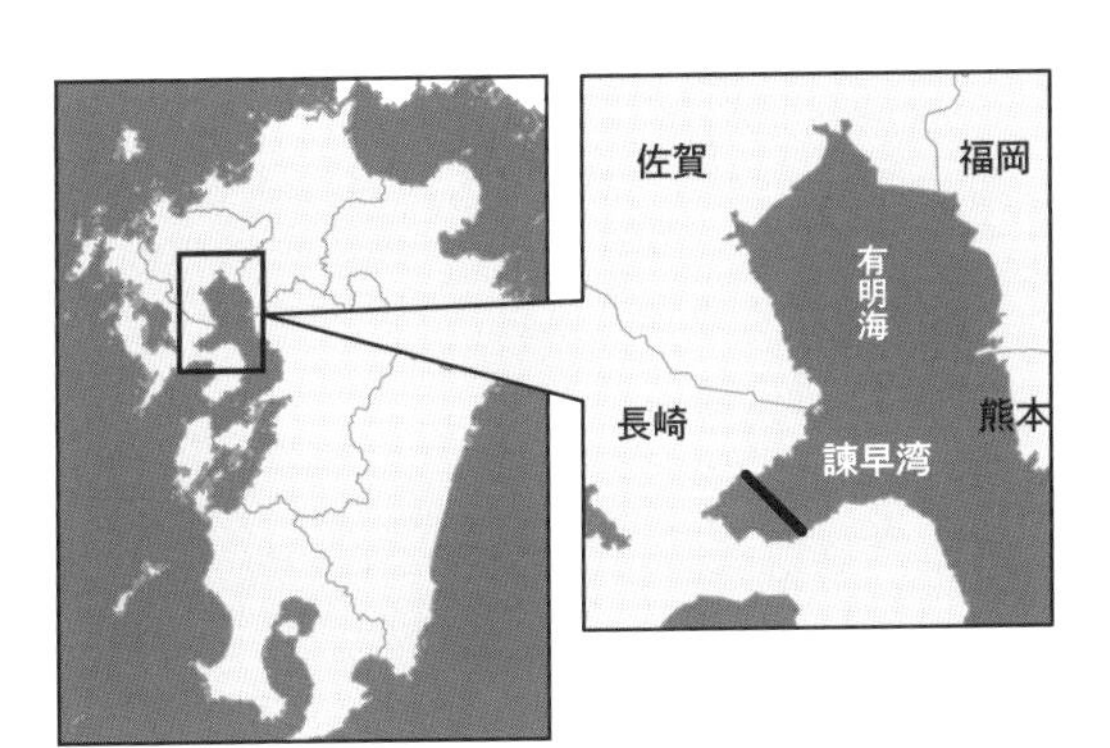

図1　有明海と諫早湾

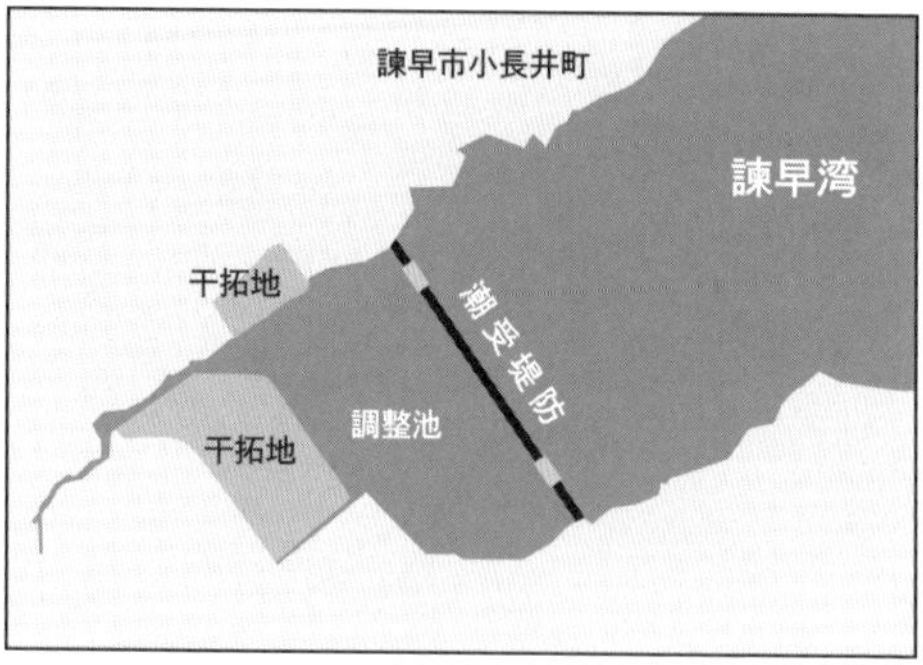

図2　諫早湾と潮受堤防・干拓地・小長井町

れた堤防が延々と続く。これが「潮受堤防」。その奥に淡水の池となった広大な「調整池」。そのさらに奥には、六七二ヘクタールの広大な干拓地が広がる。

海と調整池とを分ける潮受堤防のすぐ外側に、諫早市小長井町がある（図2）。

朝六時。朝焼けで赤く染まった諫早の海に、今日も一艘の船が出ていく。小長井町の漁師、松永秀則（ひでのり）さん（六六歳、二〇二〇年六月放送時点）。一六歳のときから諫早湾で漁を続けてきた。今は、定置網漁や投網漁でコハダなどを獲る（写真1）。コハダは寿司ネタなどとして人気があり、東京などに出荷されている。私たちが取材したこの日、定置網には、売り物にならないエイばかりが多くかかっていた。水揚げは、最盛期の一〇分の一ほどに減っているという。

松永さんは、船の上で、少しだけ獲れたコハダを私たちに見せて、苦笑いしながら話してくれた。

「たったこれだけですよ。これだけ。ははは。干拓前の最盛期やったら、その船（私たちが取材で同行した〇・六トンの伝馬船）いっぱいくらい（獲れていた）。ここいっぱい。足の踏み場がないように、このへん（膝）くらいまで、魚が、この船いっぱいぐらい。干拓をしてから、急激に魚が獲れなくなったし、現場ですぐわかるんだから、いろいろ考えたり、ね、調査をしたりしなくても、これ（諫早湾干拓）の影響というのはすぐわかるんですよ」（以下、会話のカッコ内は筆者）

写真１　定置網で漁をする松永秀則さん夫妻

松永さんは毎日、この海に立ち現れた巨大な壁、「潮受堤防」を見ながら、漁を続ける。変わってしまった海。松永さんは、干拓事業が始まるまでの、諫早の海の姿が忘れられない。

宝の海

有明海の干満差（かんまん）は日本一大きく、大潮（おおしお）のときは最大で約六メートルにもなる。諫早湾には、大潮時で二九〇〇ヘクタールに及ぶ日本最大級の広大な干潟が広がっていた。そして干潟には、ムツゴロウをはじめとしてカニや貝など、多様な生き物が生息していた（写真2）。

干潟は、潮が満ちれば海の底になり、引けば陸の一部になる。海でもあり陸でもあるような、「間（はざま）」にある場所だ。一見、海でもない陸でもないとすれば、何の役に立つのかと思われがちであろう。しかし実際には、ここが海にとって最も重要で、海の豊かさをもたらす貴重な場所なのだ。

干潟の海である諫早湾は、湾内だけでなく、有明海全体の魚介類がここで産卵し命を育む場所であり、「有明海の子宮」と言われていた。また、魚が泉のように湧いてくる海という意味の「泉水海（せんすいかい）」とも呼ばれていた。さらに、ここで生息する貝類やカニ類、底生生物のゴカイ類などは、有機物を食べ、海を浄化する働きがあった。[1]

宝の海の恩恵を受けていたのは、漁師だけではない。周辺で暮らす人々も干潮になると

写真2　干潟の生き物たち　ムツゴロウやカニ
（撮影：中尾勘悟）

干潟に行き、思い思いに貝やカニ、タコやウナギを獲る人もいた。暮らしの一部として日常的に干潟に行って、その日の食卓にのぼる〝おかず〟を獲る場所でもあった（写真3参照）。また秋から冬になると、塩生植物シチメンソウの大群落が真っ赤に色づき、数万羽の渡り鳥が乱舞する光景が見られた。シギやチドリ類の日本最大の渡来地で、その風景を見に多くの人が訪れる憩いの場所でもあった（写真4参照）。

写真3　干潮時 貝やタコなどを取る人々で賑わう干潟（撮影：中尾勘悟）

小長井町の漁の中心は、大型の二枚貝・タイラギの潜水漁だった。宇宙服のような潜水器具を身につけ、海に潜って、海底のタイラギを獲る。「潜り手」と船は、船の上から潜水のヘルメットに空気が送られてくるパイプでつながっている。「カギ」と呼ばれる漁具を手に、素早く海底の潟（がた）から顔をのぞかせていている貝を獲っていく。船の上には、貝がいる場所を見つけて船を巧みに操縦する「船頭」と、かごに入れたタイラギを船上に揚げ、貝殻を剝いて、中の貝柱などを取り出す「貝剝（かいむ）きさん」とがいて、

写真４　シギ・チドリ類の日本最大の飛来地だった（撮影：中尾勘悟）

三〜四人が一組で漁をすることが多い。タイラギは、貝柱が寿司ネタなどとして人気が高く、一冬（ひとふゆ）に一〇〇〇万円もの水揚げがあったという。

松永さんは、一九六九（昭和四四）年、一六歳のときに父親と兄の手伝いでタイラギ漁を始めた。二〇歳で独立すると、町で一二（いちに）を争う漁獲量をあげるようになった（写真5−1）。漁を始めたときのことを松永さんに聞いた。

「一六（歳）からですね。（中学卒業後）半年ぐらい長崎市のほうに修理工の見習いに行って、こっち（小長井町）はタイラギの全盛期だったんで、兄貴が潜ってたんで、人手が足りんけん帰ってこいって言われて、半年ぐらいで帰ってきてから、それからずっと漁をして」

――そのときのタイラギ漁っていうのはどんな感じだったですか？

「すごかったですね。それはもう、『貝剝きさん』を頼んで、船に山盛り殻がなるように。（揚がってくる貝を）剝ききらんで、揚げるとも揚げるだけで一生懸命で、それだけ貝がいっぱい（海底に）立ってて、どんどん揚げてですね。だからあの頃の水揚げ、金額的にも相当なもんやったでしょうね。役場の初任給が五万（円）ぐらいっていうときに、相当揚げよったですね。一カ月分以上、二カ月分近く、金額的には。一日の漁がですね」（写真5-2参照）

――タイラギ以外はどうでしたか？

「タイラギが年間の水揚げの大半を占めてたんで、夏場はあんまり根詰めて働かんでもよかったんですけど、私たちは金額的に考えるほうじゃなかったからですね。ただ、楽しいっていうですかね、その漁（タイラギ）が終わったら魚の漁があるし、年間で仕事の内容が変わっていくんでそれが楽しみだったんですよね」

――いろんな魚がいたんですね

写真 5-1　タイラギ漁をする松永さん
（写真提供：松永秀則）

写真 5-2　船の上は獲ったタイラギであふれた
（撮影：中尾勘悟）

「そうですね。潜水漁をされない人でもタコ漁とかアナゴとか、ほかの流し網とか、いいときはそういう品物でも一日一〇万（円）がつ（分）ぐらいされてね、タコだけでも」

「その頃は（漁に）出ればいくらでも、お金が落ちてるっていう感じだから、結局、貯蓄をするっていう感覚がないんですよね。海に行けばお金いくらでも稼げるんだということで、気持ちが大きくなってるんでどんどん使ってましたね。若いときは飲み屋に行ったり、いろんな健康器具が訪問販売で来られればすぐ現金で買ったり。人が買えないもん（物）をぼんぼん買える時代だったんですよね。だから、貯金をしてとかそういう感覚はまったくなかったですよね。飲みに行っても割り勘とかいうのは、けちくさいって思われるような感じで、五～六人で行ってもその分を一人で賄うとか、次の店に行けばほかの人が一人で賄うとか。そういう、肝っ玉が大きく見えるような。ははは」

高級二枚貝タイラギの全滅

しかし、一九八九（平成元）年、干拓工事が始まると海の異変が始まった。一九九二（平成四）年、タイラギが大量に死滅しているのが見つかった。そして、翌年から現在（二〇二二年三月時点）まで二九年、まったく漁ができない状態が続いている（タイラギの漁期は一二月～翌年二月）。松永さんが当時を語る。

「工事が始まってから即、影響が出たのがタイラギ。死んでしまったんですね。死んで獲れなくなった。タイラギが死んだ頃から、工事が始まったすぐ（の頃）ですね、私たちが船を止めたりなんかしたのは。工事の影響だということでやったんですよ」

松永さんたち、当時の小長井町漁協青年部は、タイラギが大量に死んだのは工事の影響だと主張。工事を進める農水省九州農政局諫早湾干拓事務所に話し合いを求めた。一九九三年と九五年には諫早湾に漁船を出して、工事船の通行を阻止しようと抗議行動を起こした。しかし工事は続けられ、一九九七年四月に諫早湾の閉め切りがおこなわれる。俗に〝ギロチン〟と言われるものだ。

「(潮受堤防を造る) 工事が止まったら (海の状況が) 安定するかなと思うとったら、今度は (一九九七年に湾を) 閉め切ってしまってから、(調整池から) 淡水が出てくる (排水される) でしょ。だから、(湾を閉め切ったことで) 潮流も止まって (弱くなって) しまったし。潮流の問題と排水の問題なんですよ」

湾が閉め切られると、有明海で赤潮が頻発するようになった。規模も以前より二〜三倍大きくなったと報告されている。一九八〇〜九六年の一七年間に、赤潮の年間発生件数が四〇件を超えたのは一九九三年と一九九五年の二回だけ。ところが一九九八年以降は、四〇〜八〇件の赤潮が毎年発生し、年間発生延べ日数も三〇〇〜七〇〇日弱に達した。

二〇〇〇年一一月から二〇〇一年三月に発生した大規模な赤潮は、有明海奥部のノリ養殖に「色落ち」という、大きな問題を引き起こした。ノリに栄養分が行き渡らないため、見た目の色が薄くなって商品価値が下がるなど、甚大な被害が生じた。そして、二〇〇〇年代になると、海底で酸素が極端に少ない貧酸素水塊（ひんさんそすいかい）の発生も、毎年夏季に確認されるようになる。養殖アサリがたびたび死滅し、貝類やエビ類の漁獲も激減していった。貝類など海底の生物が、貧酸素水塊の影響を受けていると考えられている。[2]

諫早湾が閉め切られてから二年になる一九九九年。私は、漁を続ける松永秀則さんを取材していた。赤潮が発生してアサリが死んでいるという知らせを受け、小長井町の海岸のアサリ養殖場に何度か足を運んだ。海岸には死滅した養殖アサリが口を開け、貝殻が延々とあたり一面に広がっていた（写真6−1、6−2）。

写真 6-1　アサリが死滅した小長井町の養殖場（1999 年）

写真 6-2　死んだアサリ（1999 年）

腐敗した強烈な匂いが鼻をつく。漁師さんたちは、どうしようもないといった表情で、死んだ貝殻を熊手でかき集めて掃除していた。小長井町漁協の漁師は語る。

「とにかく一斉に、ここ

だけじゃなくて一斉に死んでるんですよ。もうご覧のとおり、隣も隣もこの一帯、もう、小長井漁協ではほとんどですね、全滅状態に近いごと死んでるんですよ」

一面に死に絶えたアサリの貝殻が広がる光景を目の当たりにして、この海はどうなってしまうのかと恐ろしくなったことを今も覚えている。そして、このとき、松永さんや小長井の漁民たちは漁船を諫早湾に出して排水門の前に並べ、排水を出さないよう抗議した（写真7－1、7－2）。

諫早市内を流れる本明（ほんみょう）川などから調整池に流れ込んだ水は、いったん溜められ、干潮のときを待って、排水門から海に排水される。調整池に溜められた水は、閉め切り後、水質が悪化していることが農水省の調査でも明らかになっている。汚染の指標となるCOD（化学的酸素要求量）の値は、閉め切り直後から上昇し、保全目標値の五ミリグラムパーリットルを上回ったままだった。

灰色に濁った水は、排水されると、はっきりとその境目を表し

写真 7-1

写真 7-2

排水門の前で抗議する松永さんたち漁師（1999 年）

ながら、青い海に広がっていくのがわかる（写真8）。排水の際、松永さんの船に乗せてもらったときには、灰色の水と海の青色の境目が広がっていく状況を間近に見ながら、排水の腐ったような強烈な匂いが鼻をついた。松永さんたちは、この排水がアサリや魚、そして海に悪影響を与えていると考えていた。

排水門の前に並べた漁船の上から、松永さんが干拓事務所の担当者と携帯電話で話す。

写真8　排水は境目を表しながら海に広がっていく

「了解じゃないですよ。こっちはがまんしてきたんですよ、がまんして」

排水門の監視塔にあるスピーカーから、大音量のアナウンスが響き渡る。

「（排水門の）ゲートが開きますので、大変危険です。至急、退去願います」

「（スピーカーに向かって）やぐらし（うるさい）！」

松永さんは携帯電話で担当者との話を続ける。

「（排水門を）開けた場合にはもう責任持ちませんよ。何があっても。脅しじゃないですよ。本気です、本気です。

何で脅されんばでけんような要素をあなたたちが作るんですか、そしたら」。

抗議に参加した漁師たちは追い詰められた心境を熱く語った。

「ちった（少しは）、自分たちで見に来いて言ったっちゃ見にこんとですけん（言っても見にこないんですから）、全然」

「私たちも、仕事（漁）をして、メシは食わなでけん。メシを食われんごとされれば結局、どがんなっとせんか（どうにかしろ）、ということですたい。農政（農水省九州農政局）もうてあわん（相手にしない）けん、結局、こういうふうな格好になってくっとじゃなかですか」

結局、今後、干拓事務所と話し合いをするということで、漁民たちは退去し、排水はおこなわれた。

当時の農水省九州農政局諫早湾干拓事務所・及川（おいかわ）和彦次長は、私たちのインタビューにこう答えた。

「何かあるとすぐ諫早湾干拓事業の影響じゃないかという話になっちゃうわけなんですけれども、昨年も大きな赤潮が二回ほどあったというふうなことで、これまた因果関係までは明らかではないということで、そのへんのところは、事業と直接関係があるかどうかということはですね、まだわからないという状況かと思います」

「排水はですね、地域の防災という中でですね、これは止められない話ですので、今後とも工事のですね、やり方と言いましょうか、そういう中で十分、外海への配慮をしながらですね、工事を進めていくということでですね、そういう説明をしましてですね、漁業者の方にはご納得していただくというようなことで、話し合いは続けていきたいというふうに考えています」

写真９　投網漁をする長男・松永貴行さん

この頃、諫早湾内では魚があまり獲れなくなっていた。松永さんは、長男の貴行（たかゆき）さんと二人で、船で熊本県の沖まで行って投網漁をしていた（写真９）。投網漁ならば、諫早湾内だけでなく、有明海の他の海域で漁をすることができる。まだ暗い早朝、私たち取材クルーも船に乗せてもらって小長井の港を出る。一時間ほど走ると、ほかにも同じように魚を求めて何艘もの船が熊本沖に集まっていた。

「ほらー、手前、手前。こっちこっち」

松永さんの厳しい指導の声が船上に響く。松永さんは、投網の技術を貴行さんに、懸命に教えていた。投網漁は、タイミングよく網を大きく広げる投げ方の技術が必要であり、投げ続ける体力も必要だ。松永さんは、息子が投げ網の技を習得して、この先、何とかこの海で生きていけるようになってほしいと願っていた。

「私たちが、潜りを始めた頃のようなですね、水揚げがもう一回あればですね。何とか息子をあと継ぎにさせて、よかったという実感が持てますけど……。しかし、夢は捨てんで、まあ、一歩でも夢に近づきたいです。近づけるような海にですね、戻してもらいたかなと思います」

松永さん親子は、必死にこの海で生きていこうとしていた。[3]

2 十字架を背負った人生——元漁協組合長・森文義さん

漁業補償協定の調印

前述のとおり、干拓工事が始まる前には諫早湾内に一二の漁協があった。干拓事業を受け入れるかどうか。一一漁協が次々と受け入れに同意する中、最後まで反対していたのが小長井町漁協だった。多くの漁民たちは、干拓のおもな目的が住民の命に関わる「防災」とされたことと、残された海への影響は少ないなどと説得され、次第に同意に転じていった。

一九八六（昭和六一）年九月、諫早湾内一二漁協の漁業補償協定調印式が長崎市内の長崎東急ホテルで開かれた。高田勇・長崎県知事（当時）や各漁協の組合長が、協定書にサインした。そして一九八七（昭和六二）年、最後の手続きとなる「漁業権放棄」を問う諫早湾内一二漁協の臨時総会が、それぞれの組合で開かれた。

一一漁協が相次いで漁業権放棄を決定する中で、小長井町漁協の臨時総会が同年一月二〇日に開かれた。しかし、三分の二以上の賛成が得られず、同漁協では漁業権放棄が否決

写真 10-1　漁業補償協定に調印する森さん（右）

写真 10-2　森さんの署名

された。長崎県は、全漁協の同意が得られると見ていたため、予想外の結果にショックを受ける。「一漁協でも欠けると同事業（諫早湾干拓）は推進できない」として、小長井町漁協に再度の臨時総会開催を求めた。

一月三一日、異例の「やり直し臨時総会」が開かれた。総会には九六人の正組合員（うち委任状一三人）が出席。会の冒頭で森組合長（当時）は、「県や湾内一一漁協の強い要請を受けて、再度の総会となった」と述べた。「否決された問題を同じ条件でやり直すのは納得いかない。可決するまでやるということか」など、総会の開催自体に反対する意見が出される中、採決がおこなわれた。結果、三分の二以上の賛成で、漁業権の放棄が決定した。これで諫早湾干拓事業はすべての手続きを終え、進められることになった。

漁業補償は、湾を閉め切る潮受堤防の内側になり、漁業を続けられなくなる八漁協には、「漁業権消滅補償」として二〇一億九八〇〇万円、堤防の外側で海が残る四つの漁協には、漁業権の一部消滅と干拓工事の影響が予測されるため、「影響補償」として四一億五二〇〇万円が支払われることになった。[4]

写真11　タイラギ漁をしていたときの森文義さん（提供：森あさ子）

国や県から「干拓の影響は少なく、漁は続けられる」と言われ、小長井町漁協の漁民たちが受け取った額は、それまでの水揚げのおよそ一年分だった。漁業権を完全に放棄した堤防内の人たちと比べて低額なものだった。

干拓を受け入れたことで、生涯、重荷を背負わされた人がいる。当時、小長井町漁協の組合長だった森文義（ふみよし）さん。二〇一七年に病気で亡くなった。森さんは、組合長として一九八六（昭和六一）年に漁業補償協定に調印した（写真10－1、10－2）。自身もタイラギ漁をしていた森さんは、個人的には干拓に反対だった（写真11）。しかし、先に同意して補償金をもらうことを決めたほかの組合から、「小長井町漁協だけ反対していると諫早湾で漁はさせない」とも言われたという。ほかの漁協の組合員たちは、ここで否決されたら困る状況だったのだ。最終的に森さんは、組合長の立場として署名・捺印をせざるをえなかった。

故郷を離れて

二〇〇八年——森さんは故郷を離れ、横浜市にいた。小長井町で経営していた海産物加工・販売の「森海産」は倒産。慣れない土地で、慣れない土木工事などをして暮らしていた。当時、森さんは、NHKのテレビカメラの前で、腰に付けた土木工事用の道具を見せながらこう語っていた（写真12）。

「大体こういう道具が何なのか、名前も知らんでさ、仕事した。ははは。（工事現場の）若いやつからね、『森さん、こんな道具の名前も知らないのかい』って言われて、『知らんから聞きよるやないか』って言いながら、仕事したよ」

干拓工事が始まると、諫早の海ではタイラギやアサリが獲れなくなった。森さんは、調印したことについて、漁師の仲間から「海を売った」と責められることもあったという。

「結局、みんな（豊かな海を）取り上げられてしまって、生活が成り立たないでしょう。

だから、こんな自然が壊れるようなことに対して、印鑑を押したということ、やっぱりものすごい罪だと思った。だからね、（組合長の）俺が、押したからだろうね、特に」
「そのー、なんちゅうのかな、後悔、後悔じゃないけどね、すまんかったと。まあ、印鑑を押さざるをえない状況だからね。だけどやっぱり、申し訳ないことをしたなあと。印鑑を押した人間としてはね、それがずーっと（頭から）離れんのよ。あの、手の震えながら押したときの感触がね、あれより強いもん（経験）ないもん。

どんなことが起きても、家がなくなろうがさ、いろんなことがあってもさ、あのときのみたいなね、何というの、わなわなとするようなときはないな。あれが、ずーっと残ってるのよ。たぶん、学者の言う（諫早湾干拓をしても漁獲量は）二割くらいの落ち込みで終わるっていう、そんなこっちゃないだろうっていうことが常にあったからね……。それはあったよ」

「漁師というのは、ムツゴロウじゃや、カニじゃや、貝と一緒ですたい。水がだめになりゃ、ダメになったわけよ。だから、わ

写真12　森文義さん（画像提供：NHK）

しらも、ムツゴロウと一緒に死んだようなもんよ」5

妻・森あさ子さんの証言

約二〇年前に諫早の取材を始めたとき、私は森文義さんを訪ねていた。森さんは会って話をしてくれた。だが、当時経営していた海産物の加工場が倒産し、調印したことを非難されることもあったことなどから、カメラでの撮影はNGだった。その後、私が諫早から離れ、何年もあとになって、後輩ディレクターたちの粘り強い交渉で、撮影に応じ、番組に出演してくれていた。調印したことを後悔し、最後は干拓反対の立場で発言をするなど活動していた。

その文義さんが亡くなってしまった。二〇一九年九月、森文義さんの妻・あさ子さんが始めたという小長井町の国道沿いの惣菜店を私は訪ねた。あさ子さんに会うのは初めてだった。果たして取材に応じてくれるのだろうか……。

夕日に染まる諫早の海。そのすぐ脇にある倉庫を改造した店を訪ねた。お店のカウンターに、あさ子さんはいた。手作りの惣菜やお弁当が並べられ、アサリなどの海産物やジャガイモなどの農産物も売っていた。数人いたお客さんが買い物を済ませて帰ったところで、話しかけた。以前、文義さんに会ってお話を伺っていたことや、今、再び諫早を取材しようとしていることなど。

あさ子さんは、文義さんのその後を話してくれた。故郷を離れ横浜で暮らしていたときのこと。横浜で亡くなったあと、遺体を小長井まで連れて帰って来て葬式をあげたこと。

写真13　森あさ子さん。仏壇には森文義さんの遺影
（画像提供：NHK）

私は、カメラの前で話してくれないかと頼んだ。ちょっと考えさせてくれと言われ、その日は辞した。二週間後に再び訪ねた。すると、文義さんが亡くなって二年半が経ち、ようやく少し心が落ち着いてきたところなので、取材に応じてもよいと返事をくれた。日を改めて撮影に臨んだ。

あさ子さんはこの頃、惣菜店の二階に住んでいた。部屋には、文義さんや両親の位牌が置かれた仏壇があった。日課だというお経をあげたあとに、あさ子さんから話を聞いた（写真13）。

「堤防を閉め切って、アサリが悪くなったでしょ。海流が変わって、アサリが獲れなくなったんです。いちばんの収入源は、うちはアサリでした。タイラギは一二月、一月、二月、この三カ月ぐらいなんです。タイラギはね。そのあと三月、四月、五月、六月ってずっとアサリ。アサリ養殖で生計立ててましたから。子どもも五人いましたけどね、海のおかげでみんな育てることができたんです」

「国は（閉め切った影響は）、二割、三割（減）って言ってましたけども、（実際は）七割、八割（減）ですよ。生計立たなくなりましたから。うちは（もともと）全然借金なかったのに、最後の二年間で借金作ったんです。アサリの種（稚貝）を買うのに借金をして、それがまただめになったのに、また次の年もアサリの種を買うのに借りて、入れて、またためになって。それで借金ができてしまった」

——二人で横浜に行ったのは、なぜですか？

「出稼ぎみたいな感じで、借金払いもしなくちゃいけないし、こっちで働くよりも稼げるかなという思いもあって。あと、（あさ子さんが）料理やってますけど、向こうでもちょっとそういうの（食堂）を、お金ためてやってみたいなという思いもあって行ったんです。ばあちゃん（義母）には行くなって言われたんですけど、出稼ぎに行ってくるからって言って説得して出たんです」

「（文義さんが）組合長を辞めてから、怖い経験なんかもいろいろあって」

――怖い経験？

「はい。怖い経験なんかもあって、行こうって決めたのは私なんですけどね。ずっと小長井に生まれてから、就職も小長井でして、五〇歳のときに行ったんですけどね、ちょうど」

――小長井に居づらくなったみたいなこともあったんですか？

「それは特別ないんですけど。ちょっと怖い思いをしたって言いましたけど、それは事実で、どうこうは言えませんけど怖い思いして。きっかけはそうなんですね。だから、行ってみようかなって思ったんです。干拓つながりですよね。お父さんがやってること（干拓反対の活動）が、私もそれは正しいと思っていましたけど、やっぱり、主人みたいな人ばかりじゃなかったですからね」

――文義さんが補償協定に調印したことについて、どう思っていますか？

「自分がすごい葛藤をしても、（漁協の）代表で印鑑押したわけですから。自分の気持ちとは反対なことをやったわけですよね」

――本人は調印したくなかった？

「そうです。したくなかったんですよ。でも、やらなきゃいけない。まあ、自分が調印したわけですから、自分のことを含めて、『天罰が下ったんだ』って。よく言ってました。やっぱり、長年組合長もやってきて、長年漁師もやってきて、その、本当の意味での『宝の海』の必要性というか、なんていうか、そういうものが、あの、ずーっと気持ちの中にあって……。

本当にあの、もう、十字架ですよ。それが十字架で、それを背負って一生生きなきゃいけない。だから仕事は、借金もあるけど、借金も返さんばいかんけど、借金を返すいちばんの近道は、海が（元に）戻ることだってよく言ってました。戻ることに心血注いでいく。微力ですけど、本当に」

第2章　干拓工事で何が起きたのか

1 漁師が自らの手で干拓工事をした——嵩下正人さん

生活のため干拓工事で働くほかなかった

一九八九（平成元）年から干拓工事が始まった諫早湾。その工事現場に、かつて干拓に最後まで反対していた小長井町漁協の漁師たちの姿があった。不漁に苦しむ中、国が雇用対策として、大手ゼネコンの下請けの仕事を用意したのだ。漁師仲間と建設会社を作り、社長として干拓工事を請け負っていた嵩下正人（だけしたまさと）さん、六四歳（二〇二〇年六月放送時）。かつて、森文義さんのもとでタイラギ漁を始め、松永さんと競って漁をしていた。しかし、三人の生き方は、干拓によって大きく分かれた。

二〇〇八（平成二〇）年にＮＨＫが取材した際、嵩下さんは、強い口調でこう話していた（写真1）。

「じゃあ、（漁師が干拓工事で働くことについて）なんか言う人がいれば、あなたが僕らの生活を保障してくれるんかと。だって、明日の収入がない、ギリギリの状態ですよ。海に出たって海は何もないんですよ。漁業者がどうしろっていうんですか。何とか生活を、生活を、生活をって（組合員たちが）言うもんだから、もう最終的には、国に、干拓事務所に頭下げるしかなかった」[6]

写真1　嵩下正人さん（2008年）

じつは、私には嵩下さんと少なからぬ因縁があった。約二〇年前に諫早を取材していたとき、嵩下さんから怒鳴られたことがあったのだ。干拓工事をしている漁民たちを取材したいと話を聞きに行ったときだった。嵩下さんは、激しい口調で私を牽制してきた。

国から請け負った干拓工事の仕事。マスコミが動くことで、仕事に影響が出るのではないかと、嵩下さんは恐れていた。私が国の干拓事務所にも話を聞きにいくという話が耳に入ったらしく、興奮した声で、私の携帯に電話がかかってきた。

「何を嗅ぎ回っているんだ。マスコミが変に動いて、仕事がなくなったら、どうしてくれるのか。そうなったら、お前が俺たち全員の生活を面倒見てくれるのか。余計なことしたら、ＮＨＫに乗り込むぞ」

写真2　嵩下正人さん（2019年）

私は、ただ国の見解も聞きにいくだけだと言った。しかし、嵩下さんは明らかに私を威嚇していた。冬空の下、私は心から震えた。そして、気づいた。なるほど、国から仕事をもらうということは、こういうことになるのか、と。つまり、嵩下さんたちは、干拓工事に生活を依存することになったため、とにかく国を刺激したら仕事をもらえなくなるかもしれない、と恐れていた。そう言われていたかどうかはわからない。少なくとも嵩下さんたちは、そういうふうに国を恐れ、忖度（そんたく）していた。こうして国に対して意見も言えなくなるのだろうと私は想像した。

今、嵩下さんは、どういう思いなのか。約二〇年ぶりに訪ねることにした。久しぶりに会った嵩下さんは、以前より少し痩せ、穏やかになったように見えた。そして、当時の私との会話は覚えていなかった。あの頃は取材を嫌がっていたが、私はかつての思い出も正直に話したうえで取材をお願いすると、今回は受け入れてくれることになった（写真2）。

干拓事業が終わって、建設会社は倒産。多額の借金があるという。自宅は人手に渡り、家賃を息子が払ってくれて、「元自宅」に住んでいるのだという。そもそも、干拓工事が始まって以来、どういうことが起きていたのか。改めて嵩下さんに聞いた。

「ただ、(漁に)さほど影響はないという言葉を信じて、僕らは印鑑を最終的には押したわけだから。それで干拓が始まった途端、全滅でしょ。それは、みんな、先のことを心配するさ。今後の生活を、この若い連中、僕らも一緒、漁協の組合員はどうやってこの何もない海で、全滅死滅してしまった海で、生活していくんか、っていうことを(国に)聞いても答えてくれんわけ。『影響補償、補償金は払ったじゃないですか。補償金は二度と払いませんよ』みたいな。だから、金くれとは言ってないじゃないかと。ここで漁業経営を継続させるにあたっての方法論っていうのも、話をせんことには何もならないじゃないか。そういう話にすら、机に座ってくれなかった。県、国相手にけんかしても、一単協(漁協)じゃたぶん勝てんよっていう話になってしまう」

「(漁協の)組合員は明日の生活を考えないかんとやけん。陸(おか)に上がったり、陸と海を往復して生活を守っていったりするしかないんですよね。でも、冬場の潜水器組合、潜り(タイラギ漁)がまったく金にならんし、どうにもならん。漁業に依存しとっても、まったく生活すらできん。うち（小長井町漁協）はうちで、若いもんがいっぱいおる。子どもが生まれて育っていく。どうにもならんじゃないかと」[7]

漁協青年部の抗議行動

一九九三（平成五）年一月二一日、当時三六歳だった嵩下さんは、小長井町漁協青年部の仲間とともに漁船一八隻を出し、干拓工事現場に向かう資材運搬船の航行を阻止した。嵩下さんは、かつて干拓工事に最も反対していた一人だったのだ。

松永秀則さんも青年部の一人として参加していた。この前の年に潮受堤防の工事が始まり、タイラギの大量死を確認。この年から諫早湾内のタイラギ漁は休漁を余儀なくされる状況に追い込まれていた。翌二二日にも青年部は漁船二三隻で海上デモをおこなった。二五日、諫早湾干拓事務所と長崎県、小長井町漁協の三者協議がおこなわれ、嵩下さんたちは窮状を訴えた。

抗議行動を起こしたとき、嵩下さんはどういう思いだったのか。

「タイラギが死んだ原因、因果関係というのが、お前たち（国）はタイラギを殺したじゃないかと言っても、『それは台風の影響とか何とかで死んだんじゃないですか』と。因果関係がわかんないもんだから。だけど、僕らは潜って、（潮受堤防の工事で）ヘドロが流れてきて、ヘドロが底に溜まって、（呼吸できずに）タイラギが抜きあがって死んだのを全部見とるわけですよ、（タイラギ漁師で作る潜水器組合の）組合員は。潜りさん（潜水漁師）たちは。それ（海底で死んでいたタイラギ）が台風で海岸に打ち上げられたんだから。台風やろうがなんやろうが、普通、（タイラギが）生きとったら（海岸に）打ち上げられるわけがないんですよね。だけん、そういうふうな状況が現実にあっとるじゃないかと言うても、結局、法的な根拠、法的には闘うことができんやった。だから文句言うしかない」

「その（抗議行動の）前に、漁業法、水協法（水産業協同組合法）、理事法、管理法、勉強しましたよ。人と話をするのに無知じゃ話にならん。そういうことから勉強したところで、水協法の中に、干拓工事するのに、佐賀県境から干拓地、堤防まで九キロメートルを（工事船が通る）航路として認めたって言うもんだから、誰が認めたんだって。四漁協の組合長が認めてしまったという話で、ちょっと待てと。それは『各単協の総会の決議事項をもって承認とする』となっとっとぞ。うちの漁協は、総会はしてないじゃないかということから、県、国に突っ込んでいったんですよ。この航路は航路として認められない。それは（海上）保安庁にも聞きました。（海上保安庁は）そうやねと。なら、ここに網張る、漁業する。漁業優先だから。どうしても漁業者のほうが優先だから、だから、かごとかいろんな網を張って、はははは。それで県と国がちょっと話し合いに応じてくれるっていう立場になった」

同年九月、小長井町漁協は、諫早湾干拓事務所や県と話し合いの場を持ち、「覚書」を取り交わす。その内容は、①「干拓工事現場での雇用」、②「借金返済のための漁協への融資」、③「水産振興策の実施」、④「タイラギ死滅の原因究明」の四項目。そして、若手の漁民たちが干拓工事の下請け作業員として、働き始めるようになる。

翌一九九四年、漁協青年部部長だった山崎正人さんが、青年部の仲間たちと干拓工事を請け負う会社「博洋建設」を設立。運動から離れていった。九五年一月、嵩下さんたち残った青年部の仲間で、今回は漁協の取り組みとして、再び漁船を出しての抗議行動。このとき農水省は、干拓工事を進めることは「漁業権者会で了承済み」だと主張した。そして、抗議行動を続ければ「損害賠償など法的手段を講じる」という文書を出してきた。

漁協内部に動揺が走った。結局、小長井町漁協青年部の抗議運動は挫折し、収束することになった。このとき嵩下さんは、干拓事務所に謝りにいき、頭を下げながらこう話したという。

「(抗議行動は)二度としません。若い連中一〇人の雇用をお願いします」

一九九六年、嵩下さんは仲間の漁業者八人と建設会社「マリンワークエージェンシー」を設立し、干拓の下請け工事を始めた。四〇歳のときだった。[8]

――抗議行動の目的は?

「阻止行動をとって、最終的な目的っていうのは、いかにすればみんなが、この小長井漁協というところにいながら生活していけるか、維持していけるかというのを、県や国に対して思いをぶつけて、そして模索していかないといかんということがあったもんだから」

――どのようにして干拓工事をすることになった?

「若いもん(者)もみんな、小長井漁協の人たちは漁業を継続したという気持ちがあって、それを維持していくのに、今の状態じゃ水揚げは上がらんと。それをどうしたらいいのかっていうのをちゃんと責任持って話し合いの場についてくれっていうことを(干拓事務所に)話して。そしたら、最終的には『今、何人ぐらいいらっしゃいます?』って。『手の空いた(仕事がない)人たちは』って言うけん、とりあえず『一〇人ぐらい』と。

で、『干拓で働いてもらうことはできんでしょうか』って言うもんだから、生活するのによそに出ていって、工事潜りだ、よその船に乗っていって何カ月も帰ってこんような仕事しに行く。そういう思いをするなら、ここでみんなで働いたほうがいいんじゃないかということで、みんなと話をして、どうだと言ったら、それだったら働いていいとみんなが言うもんだから、若いもんが。

一〇人、最初は八人やったですけどね、(干拓工事に)行って働くようになって、それでマリンワークという会社ができてしまったんですよ。それがだんだんだんだんみんなが増えてきて、マリンワークを中心に、干拓工事が済んだ(終わった)ときに漁業に戻れるような態勢でやっていきましょうと。建設業で一生やっていくつもりはないということを干拓事務所の所長にも言って、『この干拓が終わったら漁業に戻れるようにしとってよ』と。『それを約束してください』ということで、最初話をしたんですよね。口約束。ははは。だけど僕らにしてみれば、国のお偉いさんがそういうふうに言うんだから、干拓工事が終わったら漁業に戻れるんだなって、そのときは思うとったですよね」

干拓工事は進み、一九九七年(平成九)四月一四日、潮受堤防の最後に残された区間一・二キロメートルに二九三枚の鋼板をドミノ式に落下させる、諫早湾の閉め切りがおこなわれた。その様子を、人々は「ギロチン」と呼んだ。このとき嵩下さんは、堤防の近くの工事現場で「ギロチン」を見ていたという。

2 残された海はどうなったのか？

九州最大の〝人工湖〟「調整池」の出現と水質の悪化

諫早湾の三分の一が潮受堤防によって閉め切られたことで、巨大な人工の池「調整池」が出現した。これは海水が入ってこない「淡水」の池であり、かつての干潟は消滅した。池の広さは二六〇〇ヘクタールなので、その二・五倍となる。「池」と言っているが、九州最大の〝湖〟ともいえるし、全国的に見ても、北海道の摩周湖（約一九〇〇ヘクタール）よりも広い。面積でいえば日本の湖の第一九位に相当する。[9]

この巨大な「調整池」に、諫早市を流れる本明川などの川から水が流れ込む。もちろん、かつて川の水は有明海に流れ込んでいた。だが、閉め切られたため、川からの水はこの〝池〟に「いったん」溜められることになった。溜められた水が増えると、干潮のときに潮受堤防の「排水門」が開けられ、調整池から海に排出される（写真3）。その量は年間約四億トン。調整池からの水は灰色に汚濁し、海水の色とは明らかに異なっている。排水される水は、はっきりとその境(さかい)を表しながら海に広がっていく。

松永さんたち漁師は、この排水が海の異変の原因のひとつだと考えている。そして、この状況を改善するためには、排水門から一方的に排水されるだけの現状を変える必要があると考えている。つまり、水門を「開門」することで、調整池の中に海水を入れる。水が双方向に出入りすることにより、調整池の水質を改善することを求めているのだ。

写真3　調整池からの排水

「調整池からの汚水が悪影響」——元熊本保健科学大学教授・髙橋徹さんの調査

海に排出される調整池の水は、どうなっているのか。元熊本保健科学大学教授の髙橋徹さんは、二〇〇八年から調整池の調査を続けてきた。髙橋さんは調整池の水質の悪化を指摘している。

小さな船を出して調整池の水質などを調査する髙橋さんに、同行取材した。調整池の中

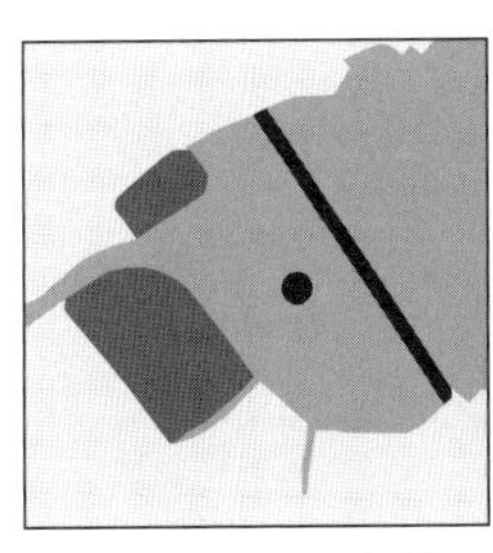
図1　高橋さんの調査地点

写真4　高橋さんの調査の様子

央部まで行き、髙橋さんが透明度を計る器具の板を池に沈める。私たちが見ても水は濁っていて、池の中はほとんど見えない（写真4、図1）。

現場で髙橋さんが、私たちに説明してくれた。

髙橋　透明度一五センチ（メートル）。一五センチしかありません、透明度。一五センチ沈めたら、これ（調査用の板が）全然見えない。

光の量を計ってます。光量といって、どれくらい明るいか。今、透明度が一五センチしかなかったから、たぶん（水深）四〇～五〇センチで、ほとんど光はなくなるんじゃないかと。

共同研究者の梅原亮さん（広島大学助教）が、髙橋さんに語りかける。

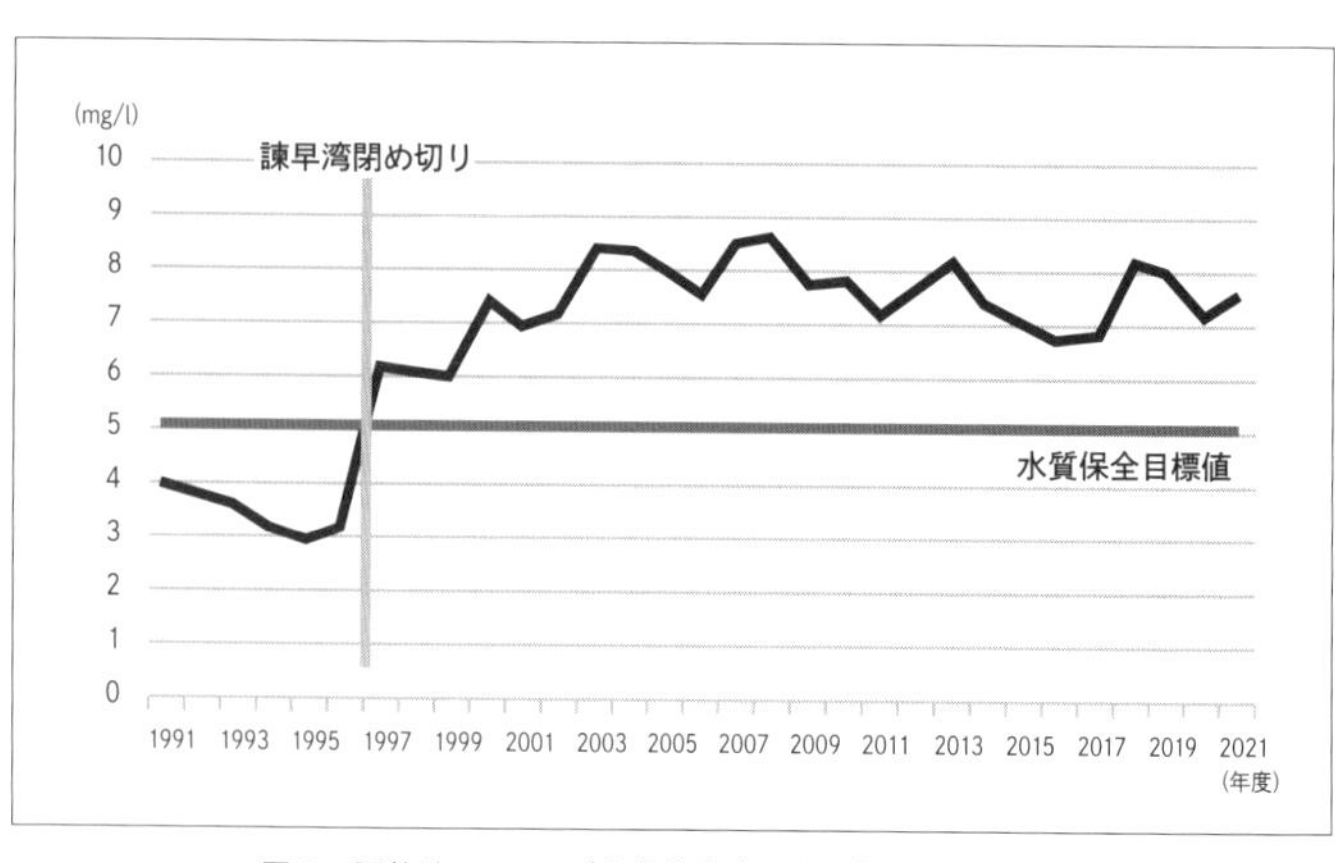

図２　調整池のCOD（化学的酸素要求量）の推移グラフ
〔農水省九州農政局・環境モニタリング調査より（調査点Ｂ１とＢ２、年間の平均値）〕

梅原　四〇センチで、（光量は）〇か一くらいですね。

髙橋　でしょ。（透明度が）一五センチだから、二・五倍くらいで大体（光量は）なくなるんですよ。透明度の二・五倍くらいが限度。ここは四〇センチから下は真っ暗けです。

調整池の中央部では、水が汚濁して透明度が極端に低い。よって、光が水の中には届かない。光合成ができないため、ここで生息できる植物プランクトンは、ほとんどいないと髙橋さんは言う。

髙橋　だからほとんど、光合成が機能しない状態。こういう池ってあまりないと思います。普

図3　調査地点

通、濁ってるっていったって、もう少し一メートルぐらい見える。（しかし、ここは）四〇センチくらい下は、深海と一緒。植物プランクトンも生きていけない世界です。なんかいる？

梅原　イトミミズもおらんすね。

高橋　何もいない。これが、普通の湖であったら、二枚貝とか水生昆虫の幼虫だとか、ヤゴだとかいるんだけど、そんなものもいない。アオコだけが、表面で生きていられるんですよね。

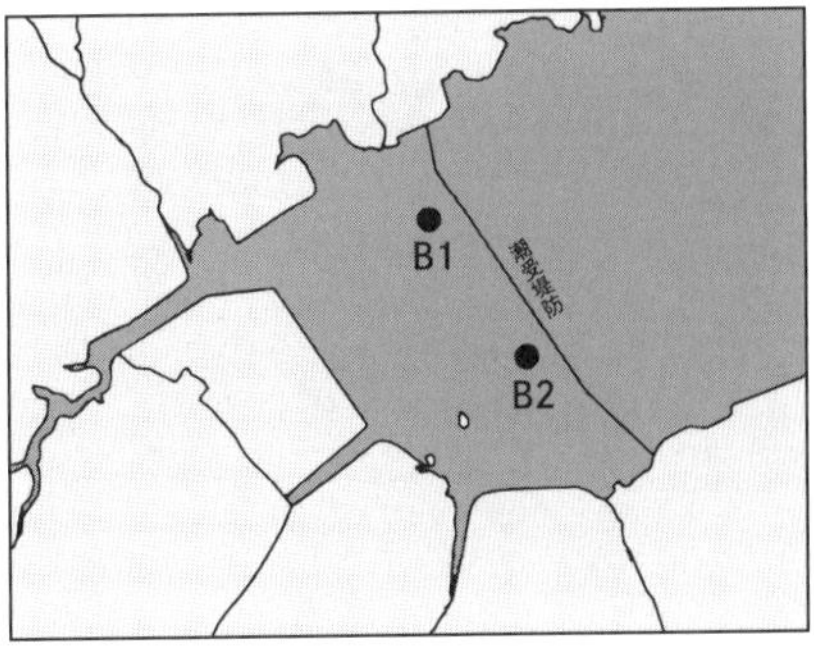

「アオコ」は水質悪化を示す植物プランクトンで、富栄養化が進んだ湖沼などで大量発生が見られる。

調整池の水の水質が悪化していることは、国の調査でも明らかになっている。汚濁の指標となるＣＯＤ（化学的酸素要求量）は、諫早湾の閉め切り後、急激に悪化。農水省が設定した水質保全目標値「五ミリグラムパーリットル」を超えた状態が続いている（図2、図3

参照）。

なお、参考までにいうと、農水省は農業用水基準としてのＣＯＤを「六ミリグラムパーリットル」と定めている。この数値は水稲を対象としたものであり、法的な拘束力はなく、品目が多様な畑作は対象になっていない。だが、調整池の数値はこの基準値も超えている。年度平均で八ミリグラムパーリットルを超える年が八回あり、二〇二一年度では「七・六ミリグラムパーリットル」となっている。

一九九七年の閉め切り前後でＣＯＤを比較すると、一九八九（平成元）～一九九六（平成八）年度の平均は三・四ミリグラムパーリットルだったのに対し、閉め切り後の一九九七（平成九）～二〇二一（令和三）年度の平均は七・五ミリグラムパーリットル。国と県、諫早市などは、連携して周辺地域の下水道整備など水質改善の対策を進めている。しかし、閉め切り後の数値はほとんど横ばい状態で、改善の兆しは見えていない。

また、調整池では毎年のように「アオコ」の大量発生が確認されている。アオコが大量に発生すると、水面が緑色になって悪臭がし、魚や水鳥が死ぬこともあるという。そして、アオコには有毒な種もあることが指摘されている。[10]

長崎県地域環境課によると、遅くとも二〇〇七（平成一九）年頃からのアオコの大量発生を同課は確認している。膜ができるほど大量発生した「レベル4」以上になると、バキュームで吸い取るなどして回収・処理しているという。だが、調整池の広大な範囲で発生した場合、すべてを回収できるわけではない。

アオコはいつから発生しているのか。湾の閉め切り直後の一九九七年五月には、すでに水質悪化とアオコ発生の恐れが以下のように指摘され報道されていた。

「長崎県・諫早湾の干拓事業による水質悪化などを防ぐために開かれた環境庁（筆者注：現・環境省）と農水省の『諫早湾干拓環境保全連絡会議』で（1997年5月）30日、潮受け堤防内側で『いつアオコが発生しても不思議ではない』（環境庁）程度にまで水質が悪化していることが報告された」（「朝日新聞」一九九七年五月三一日付より、カッコ内は筆者）

そして、遅くとも二〇〇〇（平成一二）年一〇月にはアオコの発生が確認され、新聞報道された。専門家は当時、調整池に海水を入れないと浄化はむずかしいと指摘している。

「諫早湾では潮受け堤防の石垣や調整池沿岸の『よどみ』に、大きいもので2メートル四方くらいの濃い緑色のアオコが点々と浮いたり、石や旧干潟に付着している。〈中略〉発生を防ぐ対策は水質浄化以外にないとされる。安東毅・九州大名誉教授（環境水化学）は『湾を閉め切って富栄養化が進めばアオコが発生するのは分かっていた。そんな水を潮受け堤防の外に排出していたら堤外での赤潮発生につながる。排水門を開けて海水を入れない限り浄化は難しい』と指摘する」（「毎日新聞」二〇〇〇年一〇月一五日付より）

さらに調整池の周辺では、汚れた淡水に生息する、ハエの仲間で蚊に似た小さな虫「ユスリカ」の大量発生も確認されている（写真5参照）。ユスリカは、環境省と国土交通省の「水生生物による水質判定」でも「とてもきたない水」の指標生物となっている。[11] 当時の新聞記事をいくつか紹介しておく。

「国営諫早湾干拓事業で造成された堤防道路で、ハエの仲間である『ユスリカ』の大量発生が始まった。人や車に付着するほどで観光客などへの被害も懸念される。〈中略〉複数のユスリカの蚊柱状の発生が確認されている」（「毎日新聞」二〇〇九年九月一八日付より）

「国営諫早湾干拓事業で造成された堤防道路で、今年もハエの仲間である『ユスリカ』の大量発生が始まった。〈中略〉県によると、複数の蚊柱状になって確認されており、発生原因については『不明』としている」(「毎日新聞」二〇一〇年五月一三日付より)

「今年も諫早湾の干拓堤防道路にハエの仲間の昆虫ユスリカが大量発生している。体長数ミリ。蚊柱状になって飛び、人にまとわり付く。ぼんやり口を開けようものなら勢いよく飛び込んできて大変なことになる。大量発生の原因ははっきりしない。専門家からは調整池の富栄養化が原因との指摘が上がる。ぜんそくなど人体への影響を懸念する声もある。放ってはおけない存在だ」(「長崎新聞」二〇一一年七月九日より)

高橋さんたち研究者は、水質が悪化した調整池の水が、潮受堤防の外側の海に排水されるため、海に悪影響を与えていると考え

写真5　ユスリカの大量発生
(潮受堤防道路展望所、2008年8月　撮影：時津良治)

ている。研究者が指摘する有明海異変のメカニズムはこうだ。

本明川など川から入り込む生活排水などの水には、チッソやリンなどの栄養物質（栄養塩）が含まれている（図4）。かつて、諫早湾に日本最大級の干潟があったときには、こうした栄養塩をまず干潟の底生珪藻（けいそう）や海藻、塩生植物などが取り込む。それを干潟のムツゴロウや貝などの生物が食べる、あるいは引き潮で海へ運ばれたものを小魚が食べる。そして、この魚介類を人や鳥などが獲り、栄養塩は再び陸上に戻る。生態系として循環することで、海は浄化されていた（図5）。

しかし、干潟がなくなり生物もいなくなった今、水は浄化されないまま、栄養塩が過剰な「富栄養化」した状態で海に排出される（図6）。「富栄養化」した水が大量に排出されると、この栄養塩を使って植物プランクトンが異常に増殖し、赤潮が発生する（図7）。また、諫早湾の三分の一が閉め切られたことで、潮流が弱まっていることが報告されている。かつて湾の奥まで行き来して、海水をかき混ぜていた潮流が弱まったことで、かつては赤潮が発生しても短期間で消えていたものが、長期間消えなくなっている。大規模な赤潮が発生すると、魚介類が死ぬだけでなく、栄養塩を植物プランクトンに奪われることによってノリ養殖に必要な栄養塩が不足し、「ノリの色落ち」被害ももたらす。

やがてプランクトンは死滅すると、海底にその死骸が溜まる。これをバクテリアが分解。このときに酸素を使うため、酸素が極度に少ない「貧酸素水塊」ができる。潮流が弱まっているため、海の表層と底層が攪拌（かくはん）される力も弱まっているので成層化し、底層が貧酸素化する。この「貧酸素水塊」によって、海底の貝や魚などが死ぬ。さらに、それを餌にしている魚なども生きていけなくなる、と髙橋さんたちは考えている（図8〜11）。[12]

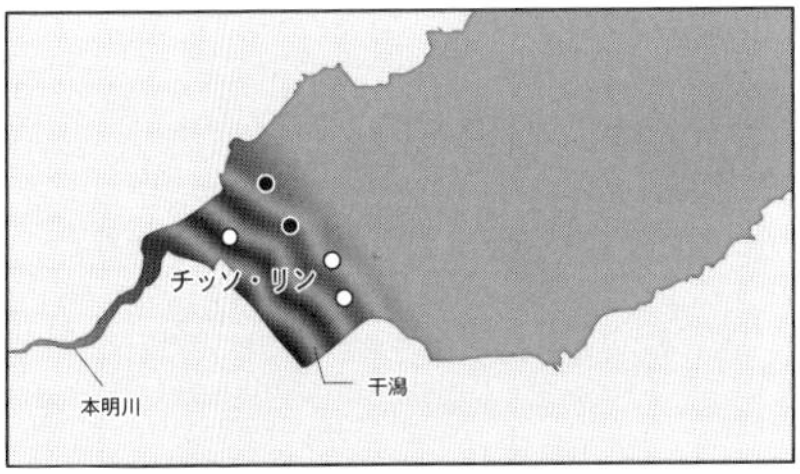

図4

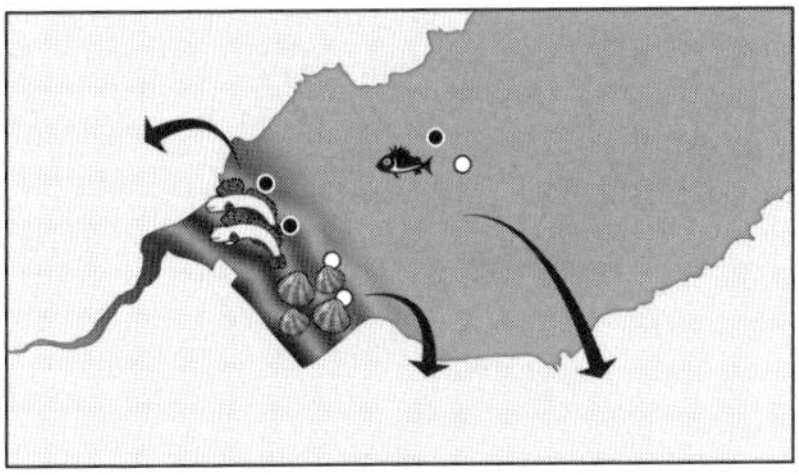

図5

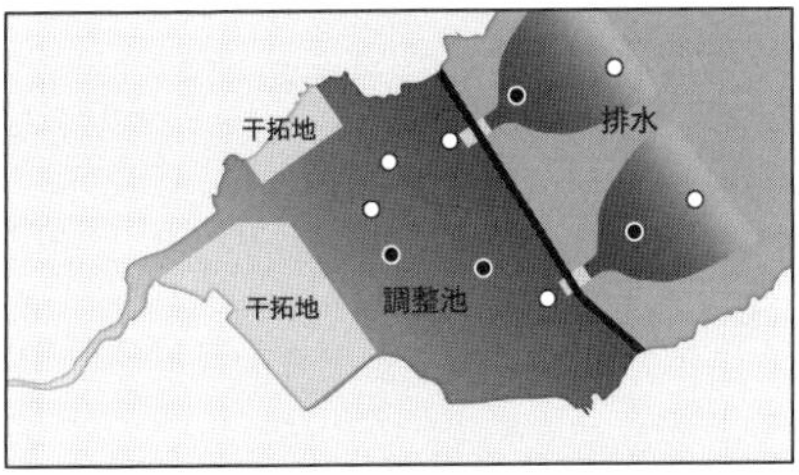

図6

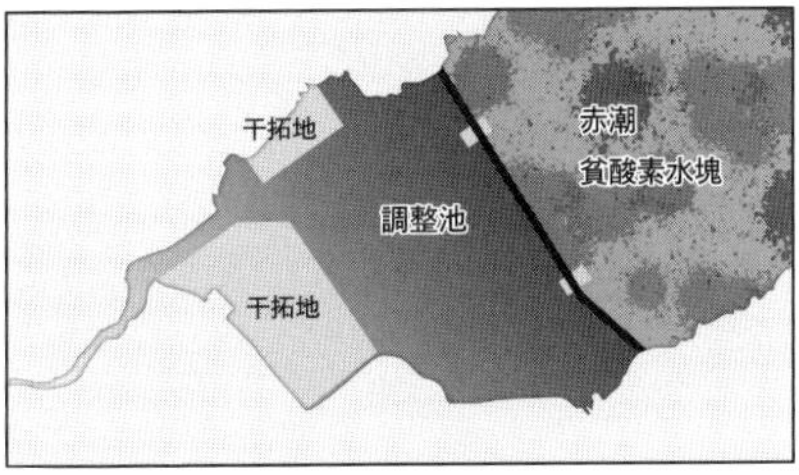

図7

高橋さんは、調整池の水質が悪化することについて、ある程度の予測はしていた。とはいえ、ここまで状況が悪くなるとは思っていなかった。

――こうなると予測していましたか？

「計画段階であんなこと（湾の閉め切り）しちゃダメだよねとは思ってたけど、ここまで（悪く）なるとは思ってなかったですね。はっきり言って、予想以上です。だから、（開門して）海水入れたら、明らかに透明度は上がるんですよね。それができることが大体分かってるからですね。歯がゆいというかですね」

――調整池はどういう状況といえる？

「中途半端な塩分（濃度）なんですよ、ここ（調整池の中央部）。塩分が少しあるんですよ。今、計ったら一くらいだったでしょ。海の水というのは三〇ぐらいですよね。だから、世界でですね、塩分（濃度）一みたいなところってあんまりないですよ。そういう環境。だから、新たな生態系をつくったって農水省は言ってるんだけど、ものすごく特殊な、こういうのに適応した生き物がほとんどいないようなところなんで、生き物はほとんどいません。底の泥の中に。だから、人工的な特殊な環境をつくってしまったんですね」

――この水が海に排水されてるわけですよね。すると、どういうことが起きる？

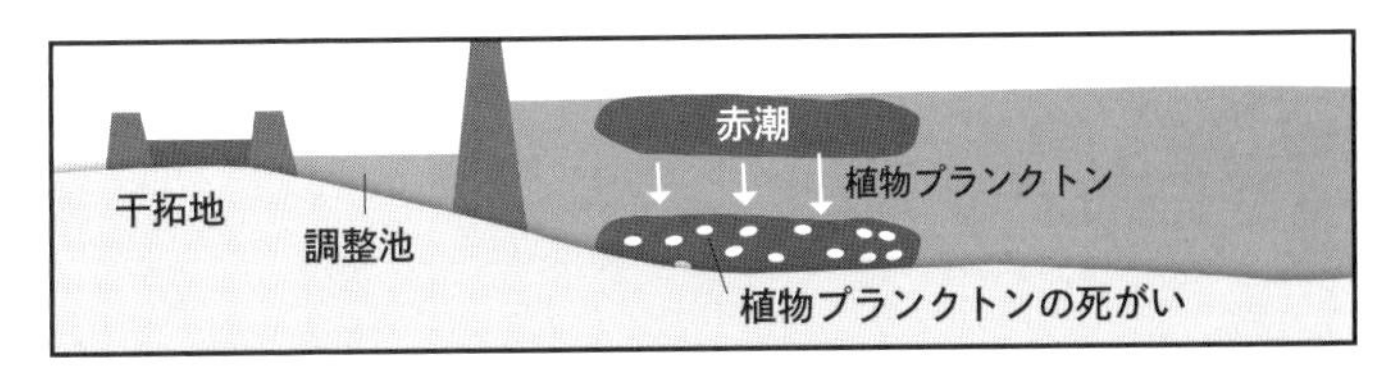

図8　赤潮を引き起こした植物プランクトンはやがて死滅し海底へ

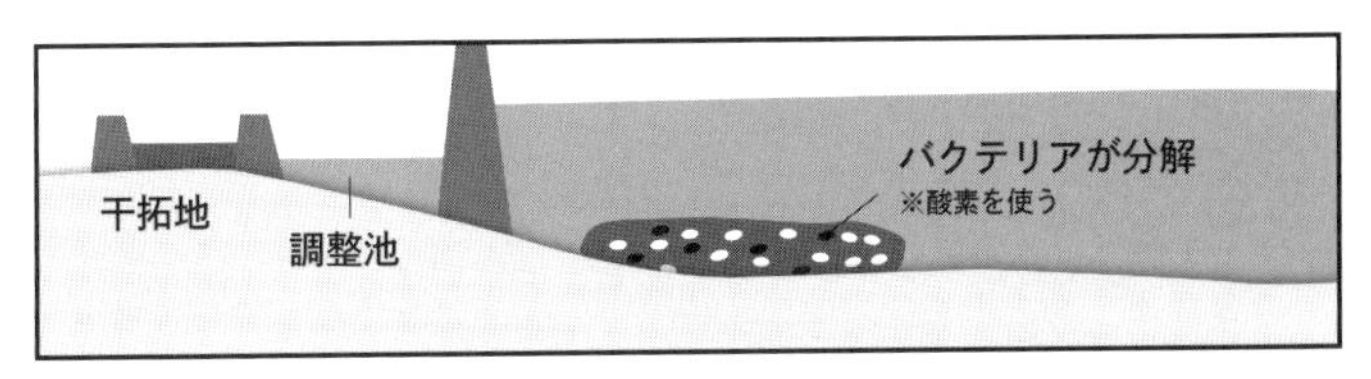

図9　植物プランクトンの死骸をバクテリアが分解するときに酸素を使う

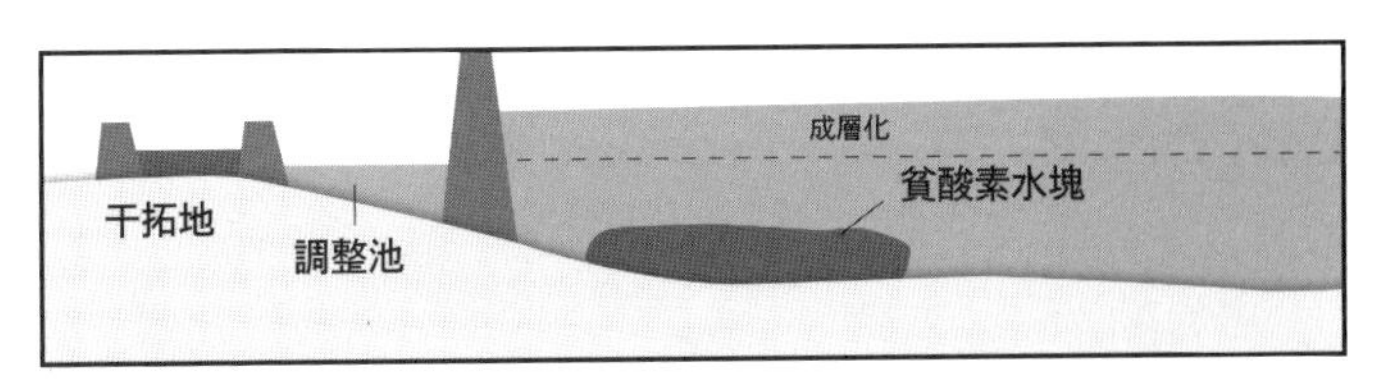

図10　貧酸素水塊ができる。潮流が弱まっているため上下の海水が混ざらず成層化する

図11　貧酸素水塊によって海底の貝や魚が死ぬ。それを餌にしていた魚なども生きていけなくなる

「夏場だったらですね、アオコの湧いた水をそのまま流すんで、私は（アオコの）毒素が流れてるってことを問題にしているんですけど。冬場はですね、光合成で使いきれないチッソやリンが高い（富栄養化した）水がそのまま出ちゃうんで、それでこれ、淡水に近いでしょ、海の水に比べたら。だから軽いから、天気がいい日だったら（海水と）混ざらないんですよ。表面をばーっと広がっていきます。表面というのは光がいっぱいあるんで、チッソやリンもいっぱいあるんで、赤潮の原因になるんですね。赤潮って大体、夏のものなんだけど、ここでは秋とか（冬場の）ノリの時期にもある。ここの排水が関係してる可能性が高いと思います。で、赤潮が出ちゃうと今度は逆にチッソやリンを（植物プランクトンが）消費してしまうんですよ。その水がノリの漁場に行ったら（栄養塩の不足によって）、今度はノリの色落ちになります」

諫早湾で漁を続ける松永さんも、現場で海の異変を実感してきた。水質が悪化した調整池からの排水に加え、潮流が弱まった影響も大きいと感じているという。前述のとおり有明海は、干満の差が日本一大きく（約六メートル）、湾奥（わんおう）まで出入りしていた湾内の大潮時の最強流速は四〇センチメートル毎秒前後あった。しかし閉め切り後は、一〇～二〇センチメートル毎秒に減速している。半分から四分の一程度になっているのだ。[13]

——海の変化はどのように感じていますか？

「排水は、富栄養化した水が排水されるでしょ、リンとかチッソとか含まれた。富栄養化してるんですよね。汚い水っていうけど、プランクトンの格好の餌がいっぱい出てくるんで、それで赤潮が頻繁にできるようになって。結局、潮流がない（弱まった）からずっとそこに停滞してるんですよね。

閉め切る前は、大雨のときに赤潮が出ても、潮流があるんですぐ流れていってたんで、一日、二日あればきれいになってたんですよ。これが（今は）一週間も一〇日も、長いときは二週間も赤潮がそこにとどまってるでしょ。それもやっぱり、よけい（大量に）（植物プランクトンが）繁殖したら、結局（植物プランクトンは）ゴミとなって死んでしまいますから。そういうのをバクテリアなんかが分解するために酸素を使ったりとか。

排水をされたら上の水と下の水が、海水と淡水が分離してますから、混ざらないから。結局は下のほう、光合成とか何かも遮られる。いろんな面で、潮が流れない潮流の問題と富栄養化した水の排水ですね。その影響がずっと続いてるんですよ」

——最初からわかっていたんですか？

写真 6-1　アサリが死滅した小長井町の海岸
（2007 年 9 月　撮影：時津良治）

「当初は私たちもわからなかった、何が原因かですね。それを学者の方たちと一緒に話をしながら、調査をしながらやってきたら、だんだん貧酸素とか赤潮のメカニズムですかね、そういうのがわかってきたんです。現場にいて、そういう学者の方の科学的な話と私たちの経験を踏まえたら、やはり潮流の低下とか富栄養化した排水によって、最終的には貧酸素ですね。そういうのが生まれるんだということがわかってきて」

――今はどういう状況ですか？

「当初は貧酸素で、アサリでも何でも死んでしまってたんですよ。莫大な（貝などの）死骸が目に見えてた。それが年を追う

写真 6-2　死滅した魚などが打ち上げられた小長井町の海岸
（2008 年 3 月　撮影：時津良治）

ごとに、死ぬ獲物が、海産物が育たなくなっていなくなってしまってるから、今現在、死んでる状況を見れないんですよ。死ぬものがいない。だから、こういうふうにして死んでますよっていう状況をみなさんに示すことができない。だから、当初いたときの死骸の状態、写真を撮って残してるのしかないわけです。今もしかし、アサリとかあったら全滅してしまう状態なんです。毎年、貧酸素、酸素がない状態が続いてますから」（写真6－1、6－2）

調整池の水質は「悪くはない」――諫早市の調査

諫早市は、二〇一三（平成二五）年に一

回目、二〇一七年度から二一年度までは毎年度、調整池における淡水魚などの生態調査をおこなっている。二〇一九年六月の調査では、調整池に流れ込む本明川の河口付近の二カ所に網を仕掛け、約二時間でヘラブナ七〇匹とエツ一〇匹を捕獲。手投げ網などでは、約五〇匹のテナガエビも捕まえた（写真7－1、7－2、図12参照）。

同行した宮本明雄・諫早市長（当時）は「調整池の水は汚いというイメージは間違いだと再確認できた。干拓地の魅力である豊かな生態系を発信していきたい」と話した。市は、干拓事業で造られた調整池で新たな生態系が形成されているとして、将来的に魚釣り大会を開くなど、観光資源として活用できないか検討するという（「毎日新聞」二〇一九年六月七日付より）。

このことなどから、長崎県は調整池の水質は特別には悪くないとしている。

諫早市の調査と髙橋さんの調査とでは、なぜ調査結果が大きく異なるのか。その要因として考えられるのが調査地点である。

写真 7-1

写真 7-2

調査の様子（諫早市のホームページより）

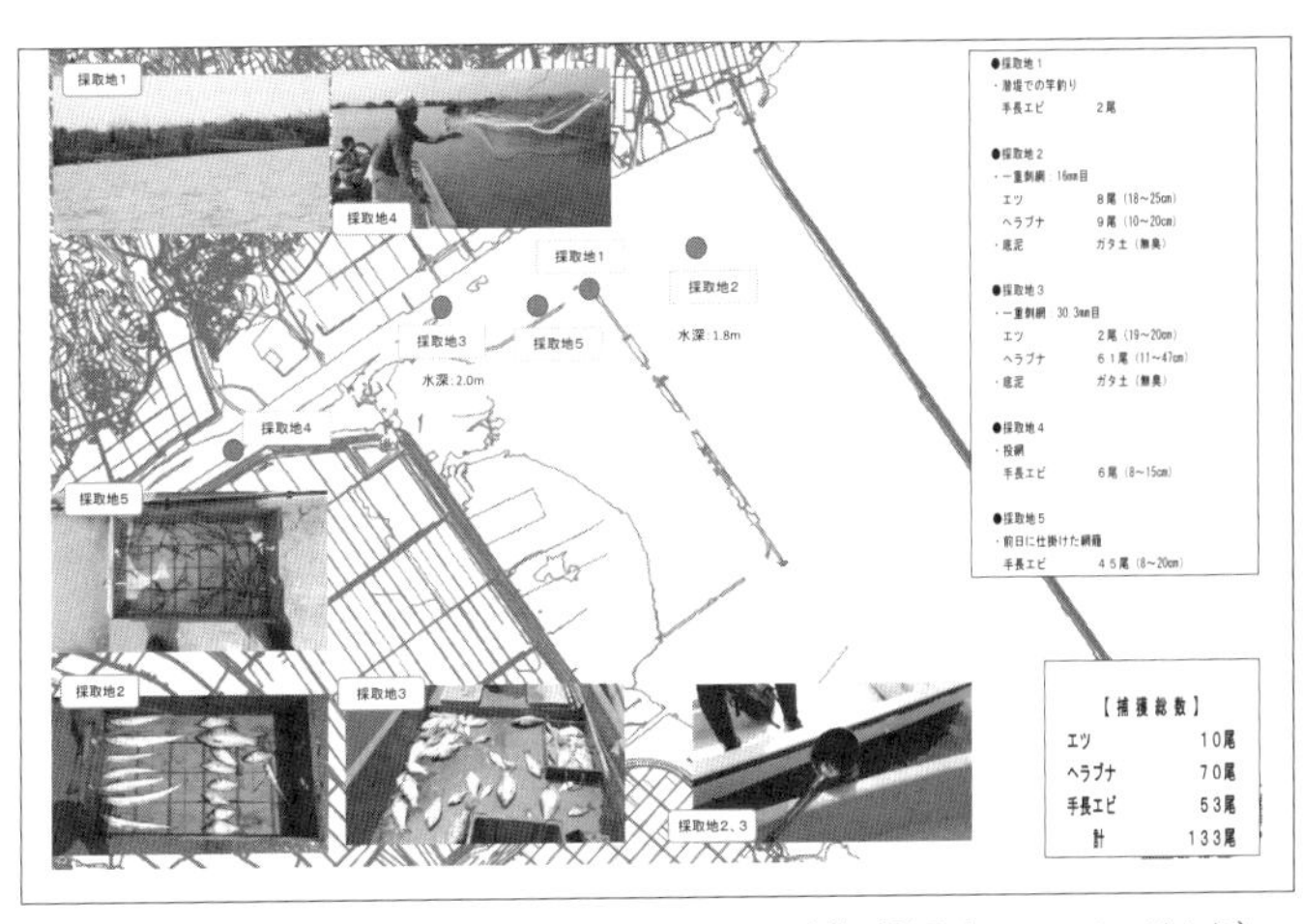

図12　諫早市の調整池生態調査・2019年6月5日実施（諫早市ホームページより）

髙橋さんが調査しているのは調整池の中央部。これに対し、諫早市がおこなっているのは、本明川の河口付近（図12、図13）。国や県は、本明川から流れ込んでくる河口付近も調整池の一部だとしているためだ。干拓農地で使用されている農業用水は、「調整池の水を利用」しているとされている。だが、図14のとおり取水口が河口付近にあり、利用しているのは実質的には川の水に近い。調整池の水といっても、諫早市が調査しているのは、髙橋さんが調査している調整池の中央部、いわば調整池〝本体〟の水ではない、と髙橋さんは指摘する。

髙橋さんは、「諫早市が調査しているところは、調整池の一部とはいえ、限りなく川の水に近い水質であり、調整池の中央部とは状況が違う。諫早市の調査で確認されている生物は、川に生息する淡水の生物。川からの水も調整池に溜められれば、結局、水質は悪化するのであり、ごまかしだ」と指摘する。

諫早市のホームページに掲載された調査結果によると、二〇一七（平成二九）年、二〇一八（平成三〇）年、二〇二〇（令和二）年、二〇二二（令和四）年の調査では、調整池の中央部付近でも採取し、それぞれ「鯉2尾、ヘラブナ2尾」（二〇一七年・採取地2）、「ギンブナ5尾、エッ5尾」（二〇一八年・採取地2）、「エッ15尾、ギンブナ1尾」（二〇一八年・採取地2）、「ヘラブナ1尾」（二〇二〇年・採取地3）、「ヘラブナ41尾」（二〇二二年・採取地2）がそれぞれ捕獲されたと報告されている（巻末資料の図a～dを参照）。

この調査結果について、髙橋さんに見解を聞いた。

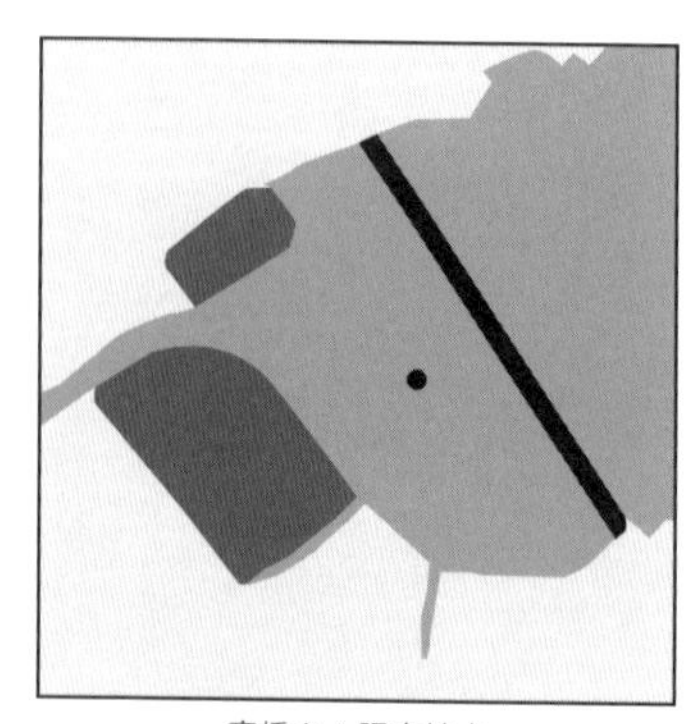
髙橋さん調査地点

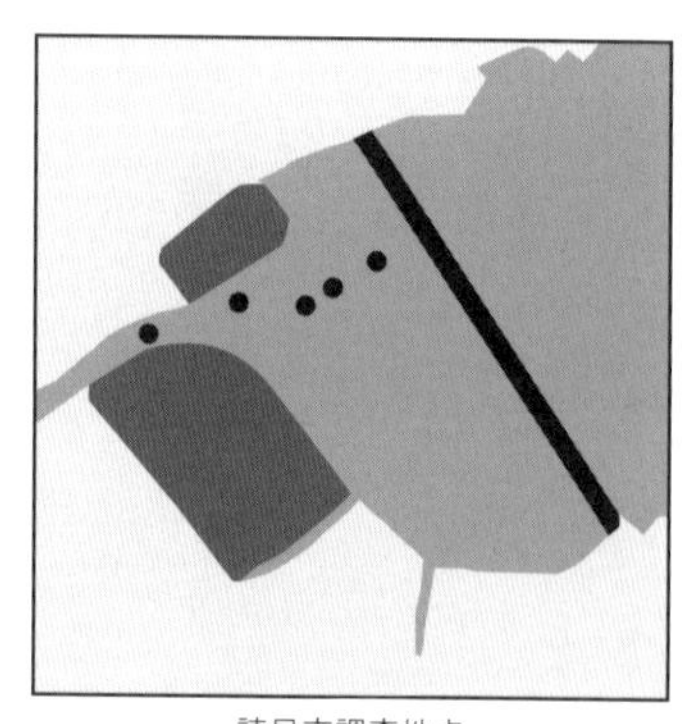
諫早市調査地点

図13　調整池の調査地点（髙橋さんと諫早市、2019年）

「全体的に種類・個体数とも少ないが、調整池の本体部分はなお少ない。投網なら何回、刺し網ならどの目あい何ミリメートルを、何時間・何回仕掛けたかの記述がなく、定量的表現（CPUE：Catch Per Unit Effort＝単位努力量当たり漁獲量）がまったく示されていないので、科学的評価に耐える資料になっていない」

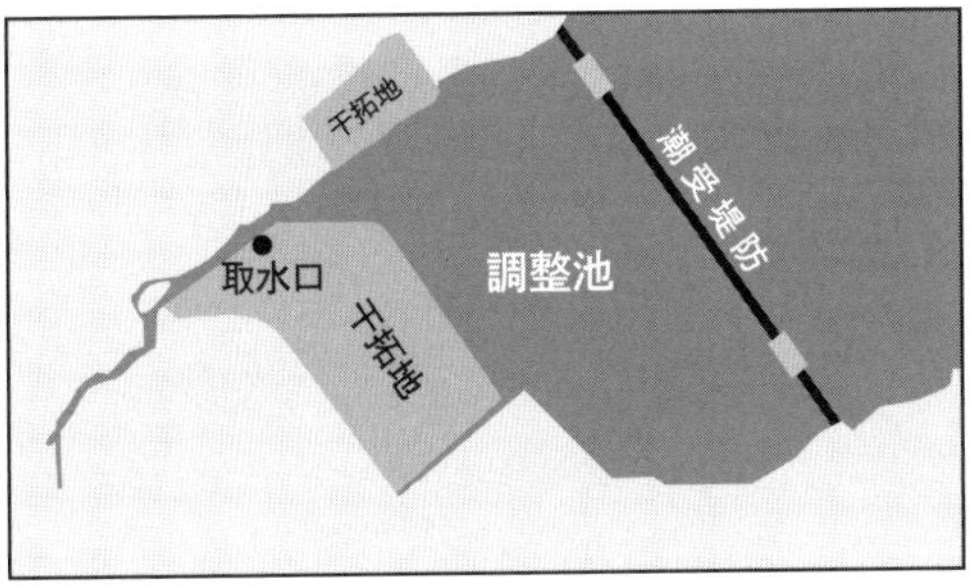

また諫早市のホームページには、「いさかん釣り体験会」のことも載っている。この体験会は、「本明川下流及び調整池等の水辺に親しんでもらい、賑わいを創出するため」に、令和元年から三年まで毎年開かれていている（写真8－1、8－2参照）。参加人数や釣果は以下のとおり。[14]

令和元年10月27日（日）10：00～14：00
参加者　116名
釣　果　コイ9匹、フナ1匹、オイカワ14匹、モツゴ2匹、ヌマチチブ4匹、テナガエビ2尾、カ

図14　取水口の位置

メ3匹（テナガエビ、カメについては前々日に仕掛けた仕掛籠にて捕獲）

令和2年10月25日（日）10：00～14：00
参加者　305名
釣　果　ナマズ1匹、オイカワ3匹、ヌマチチブ3匹、クチボソ2匹、スッポン1匹、テナガエビ・ヌマエビ147尾（テナガエビ・ヌマエビについては事前に仕掛けた魚礁にて捕獲）

令和3年11月6日（土）10：00～12：00（雨天のため予定時刻前に終了）
参加者　8名
釣　果　テナガエビ12尾、ドンコ2匹（事前に仕掛けた魚礁にて捕獲）

髙橋さんは、この「いさかん釣り体験会」についても言及した。

写真 8-2

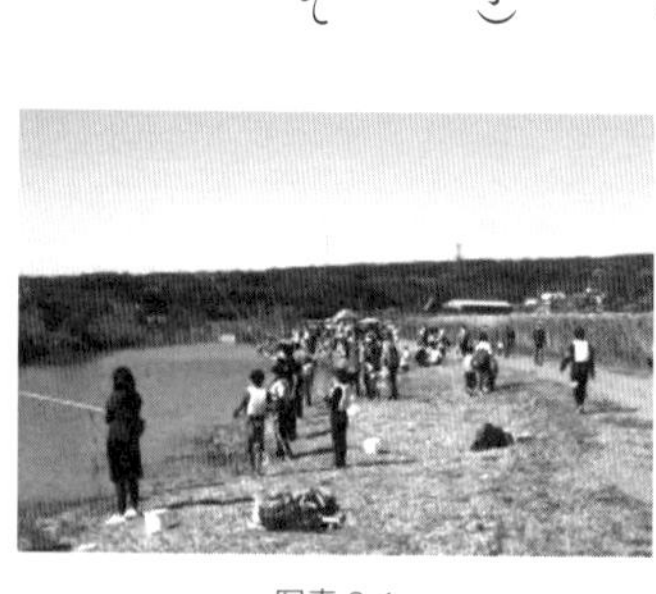

写真 8-1

いさかん釣り体験会の様子（諫早市ホームページより）

「調整池本体より生物が多いと思われる本明川河口で実施されているにもかかわらず、極めて貧弱な釣果になっている。CPUEで標準化してみた。この場合、一人一時間あたりの釣果となる。令和元年は、一一六人が四時間かけて三〇匹（仕掛での捕獲は除く）で、CPUEは〇・〇六四七。この逆数は一匹釣るのに必要な時間で、一五・五時間となる。令和二年はもっとひどく、三〇五人も参加しているのに、五種類一〇匹（仕掛での捕獲は除く）。CPUEは〇・〇〇八二。その逆数からは一匹釣るのに五日以上かかることが示される。釣果を期待してバケツやクーラーを持参したであろう参加者は、果たして次からのリピーターになるだろうか？『調整池にも生き物がいる』という宣伝をしたかったのだろうが、逆に生態系の貧弱さを露呈してしまっている。干拓事業前、多様性の宝庫であった頃とは比較にならない」

鹿児島大学名誉教授（現在）で底生生物学が専門の佐藤正典さん編集の『有明海の生きものたち　干潟・河口域の生物多様性』（海游社）によれば、「有明海は、日本の沿岸漁場のなかで最高水準の漁獲高を誇る水産業の重要拠点である」だけでなく、特に諫早湾にはムツゴロウやアリアケガニ、アズキカワザンショウなど、有明海にしかいない特産種や準特産種が数多く生息していた。そして、研究者が諫早湾のことを「日本の宝」と表現していたと記されている。

調整池の水は、農業用水として干拓地での営農に使われている。そうなると、水質が悪い水が農業用水に使えるのかという疑問も生じる。二〇〇八年一月、当時の金子原二郎・長崎県知事（現・農林水産大臣・二〇二二年時点）が定例会見で、諫早湾干拓の営農に使う農業用水は「調整池の水を使うのではなくて、調整池に入ってくる本明川の水を使う」「（本明川から）流れてきた所の一番きれいな所で取水する」と発言した（図14参照）。

これまで調整池の水を農業用水として取水するとしてきた国や県の説明と食い違っていることから、開門を求める市民団体は「調整池の水を使わないのなら、潮受堤防の開門も可能なはずだ」と追求した。その後、知事は「正確に言えば、本明川の河口に近い調整池の水ということだ」と修正した。[15]

国は「諫早湾干拓と不漁との因果関係は不明」

ところで、諫早湾干拓と有明海の異変について、国はどうとらえているのか。二〇〇〇（平成一二）年の有明海での養殖ノリの大凶作をきっかけに、有明海・八代海などを豊かな海として再生することを目的として、環境省の「有明海・八代海総合調査評価委員会」（委員長：須藤隆一・埼玉県環境科学国際センター総長。のちに、「有明海・八代海等総合調査評価委員会」）が作られ、二〇〇三（平成一五）年二月に第一回の会合が開かれた。評価委員会は、二〇一七（平成二九）年の「報告」および二〇二二（令和四）年の「中間取りまとめ」において次のように報告している。

「有明海では一九九八年頃から「赤潮」の発生回数が増加。二〇〇〇〜二〇二〇年の年間の平均発生件数は「三五・八件／年」で、一九七〇〜一九八〇年代の「一五・〇件／年」と比べて約二倍となっている」

「赤潮の発生に伴い、二〇〇一年に有明海湾奥部で広域的に「貧酸素水塊」が発生していることが初めて発見・報告された。以来、貧酸素水塊がたびたび発生。二〇一七（平成二九）年以降も毎年発生して、ベントス（底生生物）群衆に影響を及ぼしている」

「魚類の漁獲量は一九八七（昭和六二）年の約一万三〇〇〇トンをピークに減少傾向が続き、二〇一八（平成三〇）年には二四五五トンと過去最低になった。タイラギは、長崎県では一九九〇年代から漁獲量が減少し、二〇〇〇年以降は有明海全域で漁獲がない

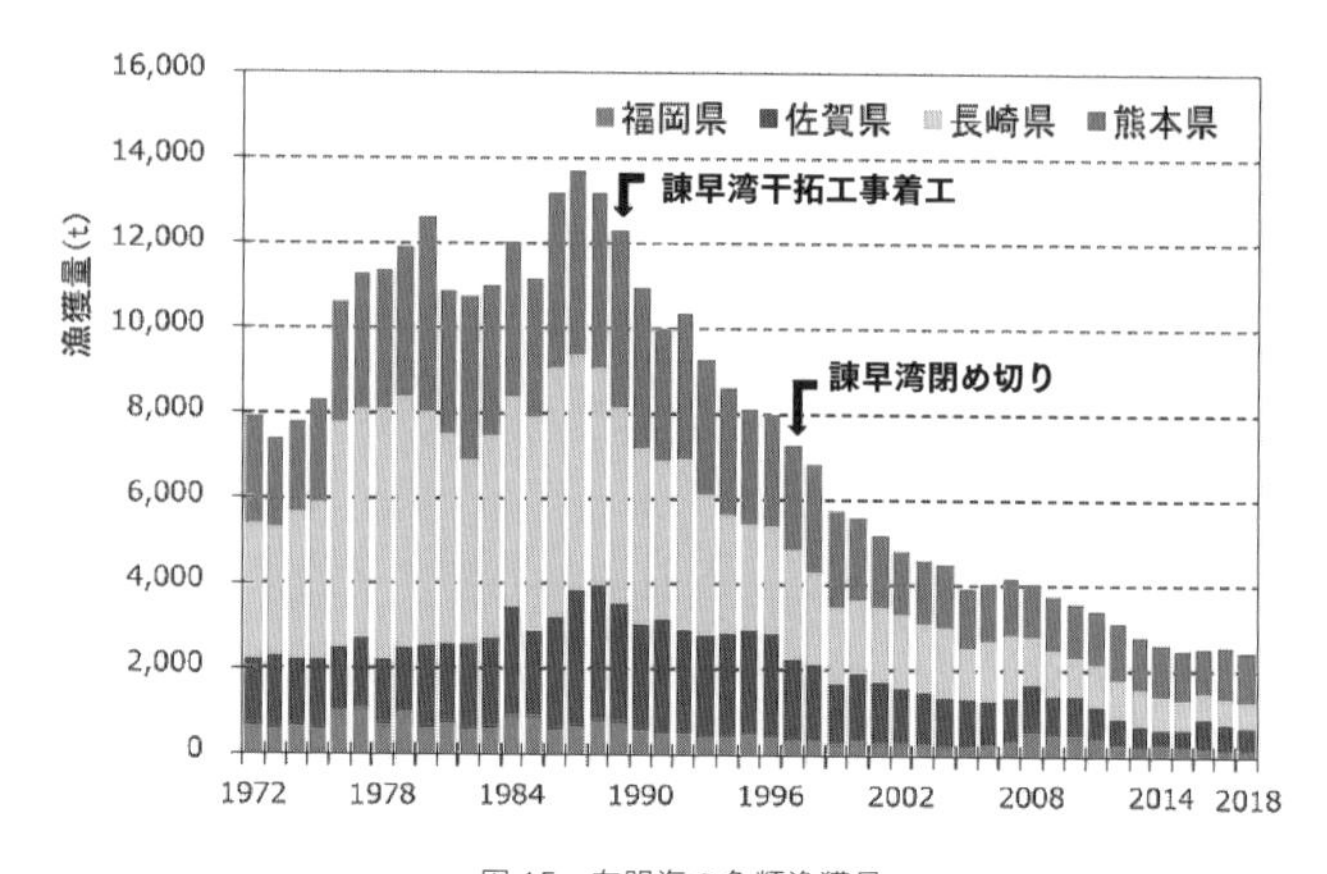

図15　有明海の魚類漁獲量
〔「有明海・八代海等総合調査評価委員会　中間取りまとめ」（2022年３月）より〕
※図15、16については、図の番号を筆者が変更。太字は筆者加筆。

状態にまで低迷した（図15参照）」

「報告」にある「有明海における問題点と原因・要因との関連の可能性」という図（図16）には、「干拓・埋立て」という項目も書かれている。しかし、諫早湾干拓と海の異変との因果関係については言及されていない。「貧酸素化のプロセスは完全に説明できていない」「タイラギの立ち枯れへい死については原因の特定には至っていない」「ノリの色落ちのメカニズムについてその詳細は明らかになっていない」などとして、今後も調査研究が必要としている。

評価委員会は、二〇二六（令和八）年度を目標に報告を出し、「目指すべき再生目

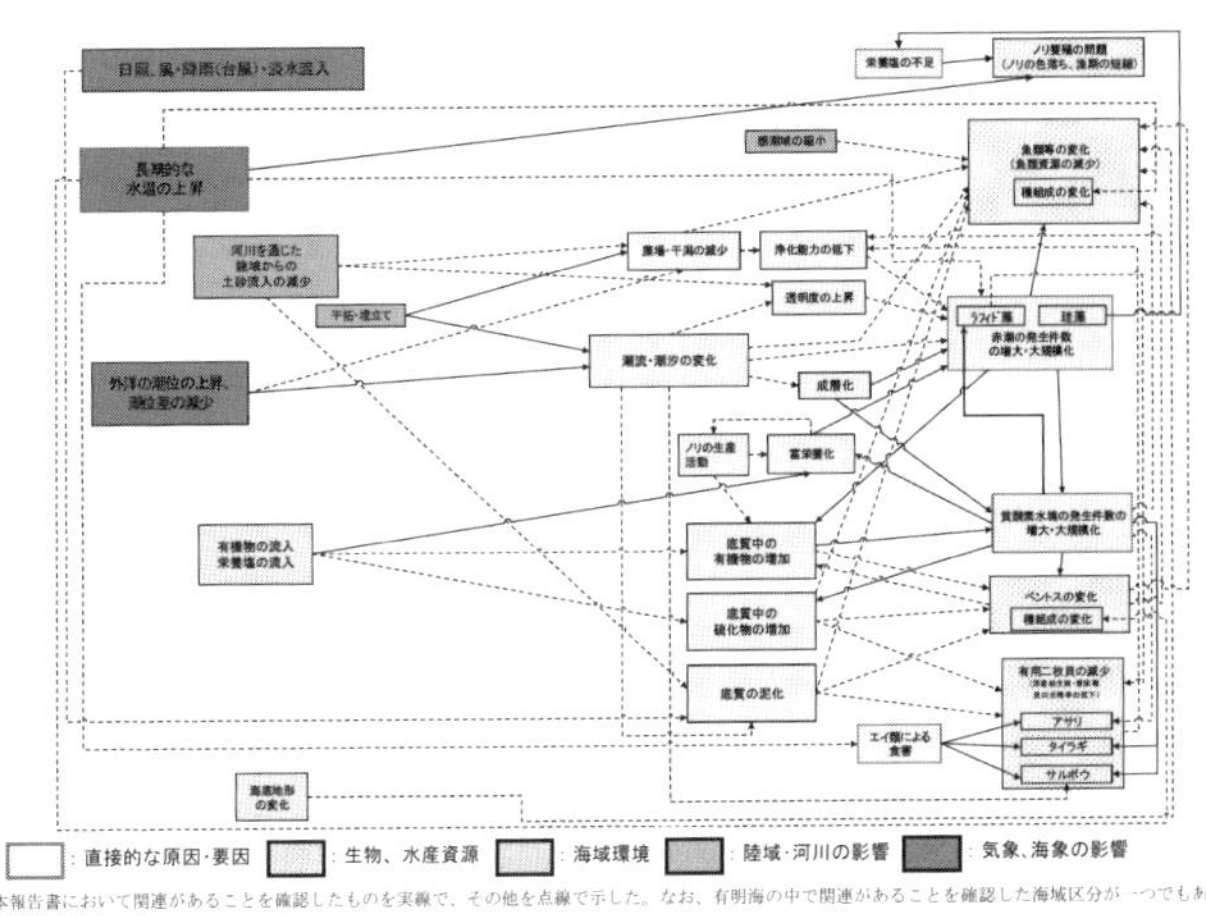

図 16　有明海における問題点と原因・要因との関連の可能性
〔「有明海・八代海等総合調査評価委員会　報告」（2017 年 3 月）より〕

標を設定」することになっている。二〇〇三（平成一五）年に第一回の評価委員会が開かれてから二〇年近く、有明海の異変については「原因不明」の状態が続いている。

遡れば、最初に諫早湾のタイラギが死滅したあと、漁民たちの強い抗議を受けて、一九九三（平成五）年に九州農政局が原因究明のための「諫早湾漁場調査委員会」を設置した。しかし、同調査委員会は、九年後の二〇〇二年に、結局「原因は不明」との結論を発表した。

つまり、有明海の異変が始まって約三〇年間、国は調査し続け、ずっと干拓と異変の「因果関係は不明」と言い続けていることになる。

第3章　諫早湾干拓地の農業

1　日本最大級の干潟を干し上げて造った干拓地

目的は「防災」と「優良農地の造成」

諫早湾干拓は、一九八九（平成元）年に工事に着工し、二〇〇八（平成二〇）年三月に最終的に完成した。そして、同年四月から約六七〇ヘクタールの広大な干拓地に入植しての営農が始まった。

干拓の目的は、「防災機能の強化」と「平坦で大規模な優良農地の造成」だとされている。一九八四（昭和五九）年に長崎県が発行したパンフレットのタイトルは、「諫早湾防災総合干拓事業のあらまし〜諫早湾地域の防災と干拓〜」（傍点は筆者）。防災が強調されている。

近年、長崎県諫早湾干拓課が発行しているパンフレット「今を、未来を、なぜ崩そうとするのですか?・」（発行日付なし）にも、干拓事業の目的は、「①防災機能の強化」、「②優良農地の造成」と書かれている。干拓事業だが「防災」が主目的になっている（写真1－1、

写真 1-1

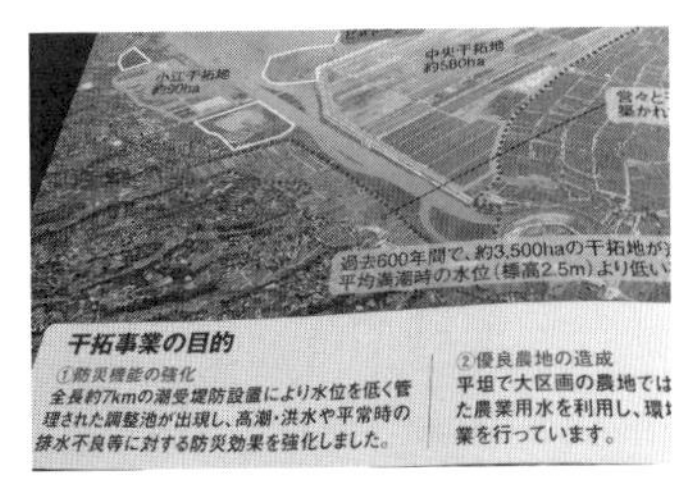

写真 1-2

パンフレット「今を、未来を、なぜ崩そうとするのですか？　諫早湾干拓事業の歴史から潮受堤防排水門の開門による影響について―いっしょに考えてみませんか！」（長崎県発行）

1－2）。

農水省・九州農政局のホームページには、事業の目的として、まず「優良な農地の造成（条件の良い畑をつくります）」、次に「防災機能の強化（土地と地域を守ります）」と書かれている。いずれにしても、農林水産業を所轄する「農林水産省」の国営事業の目的が「防災」の強化になっている。

前述の長崎県のパンフレットに書かれている防災の仕組みはこうだ。

①高潮被害の阻止　標高7mの潮受堤防が高潮や高波を防ぐため、台風時にも高波被害を受けることはなくなりました。

②洪水被害の軽減　調整池の水位を平均海面より1・0m低く維持することで、大雨時でも標高の低い背後地の雨水はスムーズに調整池に流れ込み、冠水時間が軽

減されました。
③排水不良の改善　潮受堤防の締切り前は、旧堤防周辺にガタ土がたまり、排水に悩まされていました。締切り後は、ガタ土がたまることもなくなり、背後地から水位の低い調整池への日常の排水がスムーズになりました（図1参照）。

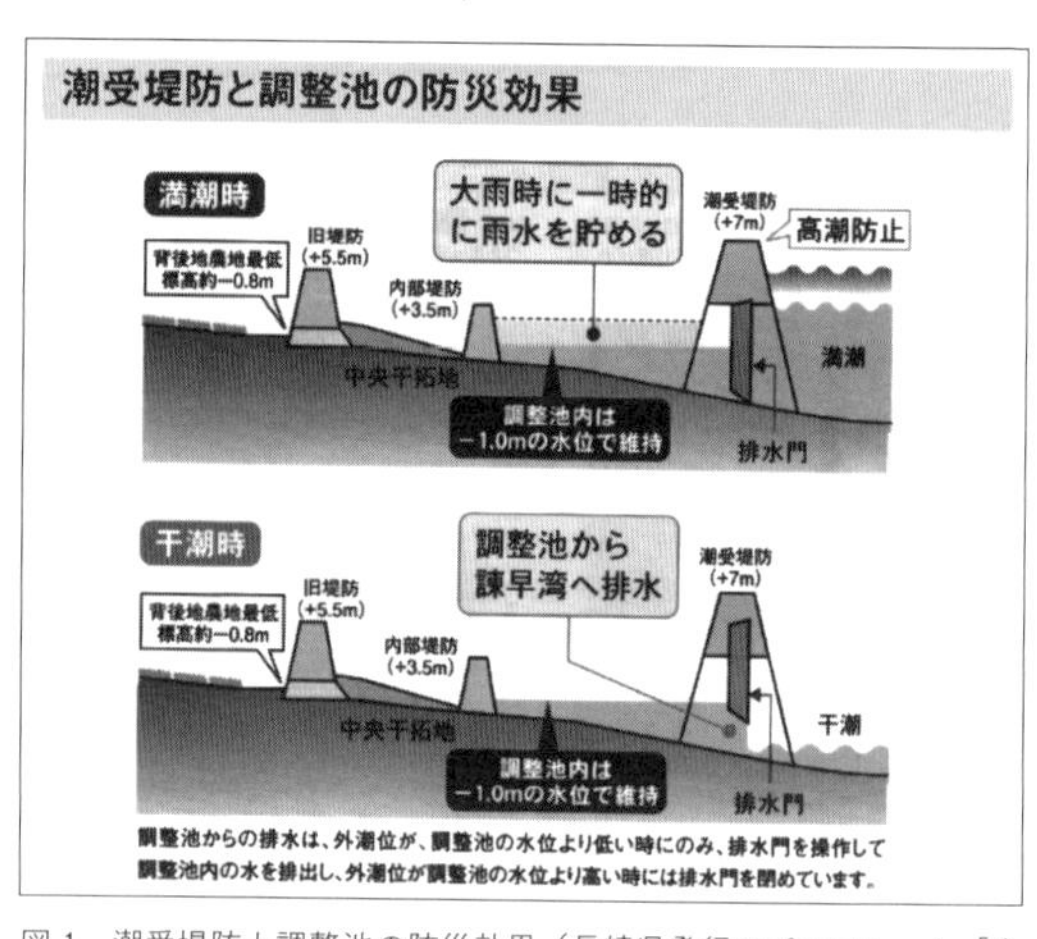

図１　潮受堤防と調整池の防災効果（長崎県発行のパンフレット「今を、未来を、なぜ崩そうとするのですか？」より）

そして、「確かな防災効果が発揮されています」としている。防災機能については、どこまで効果があるのか疑問を投げかける見解もあるが、それは後述する（第5章1）。

干拓農地について、諫早市は公式ホームページの中でこう説明している。

「大規模な干拓農地では、環境保全型農業により、減農薬、減化学肥料を推進しており、安全で安心な農産物が生産されています。生産されるそのほとんどが契約栽培で、一般に市場に出回ることは少ないですが、ドレッシングや、コンビニの惣菜、外食チェーン店など多様な場所で使用されており、皆さんも一度は口にしたことがあるのではないでしょうか」（諫早市公式ホームページ「国営諫早湾干拓事業」[16]）

長崎県は、二〇一九（令和元）年九月に発行した「国営諫早湾干拓事業について」という資料の中で、こう説明している。

1. 35経営体による有機栽培を含めた環境保全型農業が意欲的に展開されており、〈中略〉収穫された生産物は主な品目で約2万トン以上です。
2. 肥沃な土壌と十分な散水によって生産された農産物は品質がよく、市場や実需者から高い評価を得ています。
3. 大規模ハウスや集荷施設、大型農業機械など、先駆的な大規模経営に約60億が投資され、若い農業者が育つとともに、700人を超える雇用を創出しています。

造成された「優良農地」というのは、「肥沃で」「大規模な」農地だと説明されている。この優良農地で、大型機械や高額な資金を投資した施設を使い、環境保全型農業をおこなう。これが、諫早湾干拓地での「日本の農業をリードするモデル的な農業」だと県は喧伝している。しかし最近になって、新たな動きも出てきた。干拓地の営農者の中から、農地の不良を訴える人が現れたのだ。そして、行政の主張に反論し、裁判を起こす事態になっている。その詳細は、のちほど改めて述べる（第5章2）。

諫早湾干拓は、二〇〇七（平成一九）年一一月に完工式がおこなわれ、二〇〇八年三月に完成。干拓農地には、当初四一経営体が入植し、営農を始めた。だがその後、一三経営体が撤退。現在は、新規参入を含めて三五経営体が営農をおこなっている（二〇二一年三月現在）。当初入植した営農者の約三分の一が、何らかの理由で撤退したことになる。撤退した営農者のことは、のちにくわしく紹介する（第5章2）。

当初から畑作を目的にした初めての干拓地

日本の大規模な干拓地は、戦後の食糧難を解消するために造成され、当初は水田稲作用だった。稲は潮にも強いため、干拓地での栽培に最も適しているとされる。しかし、こうした大規模干拓地が完成していく一九六〇〜七〇年代になると、食生活の洋風化や輸入食料の増加などによる「米余り」が生じ、一九七一（昭和四六）年からは「減反政策」、すなわち米の作付面積を減らし他の作物へ転作させる、米の生産量の調整が本格的におこなわれるようになった。そのため、大規模干拓地では稲作から畑作などへの転作を余儀なくされた。

干拓地の研究をしていた元愛知学院大学教授の山野明男さんは、著書『干拓地の農業と土地利用——諫早湾干拓地を中心として』（あるむ）の中で、「干拓地は、低湿地である点、圃場が大規模のため畑作に要する労働力が不足する点などにより、畑作物の栽培が一般的に不向き」だと指摘している。実際、秋田県の「八郎潟干拓地」や石川県の「河北潟干拓地」では、畑作への転作や計画変更をしたものの、その後に再び水田にする面積が増加した。

〝農水省最後の大規模干拓〟ともいわれ、二〇〇八（平成二〇）年に完成した諫早湾干拓は、すべての農地が最初から「畑作」（施設園芸・露地野菜・飼料作物）とされた。すべての農地を最初から畑作だけにした干拓地は、全国で初めてと考えられる。[17]

そして、諫早湾干拓農地の大きな特徴が、農地を入植者に売却せず五年ごとの契約で貸し付ける「リース方式」である。この方式は、「全国の干拓地でも初めて実施され、注目を集めている」（前掲『干拓地の農業と土地利用』九四頁）という。

長崎県は、リース方式導入の目的を、「環境保全型農業を一体的に進めていくこと」、「農地の細分化、分散化を防止すること」、「農業者の初期投資を軽減すること」と説明している。つまり、入植する際、土地を購入する必要がないので、初期投資が少なくなり、参入しやすくするということだ。一方、減化学肥料・減農薬などの「環境保全型農業」に取り組まない農業者には退去してもらう可能性もある、ということをこのリース方式は意味している。

干拓地という広大かつ新たな土地での農業は、多額の初期投資がかかる。また、その土地に適した作物が順調に生育するかどうかは、不確実な面がある。適した作物を見極めるにも、その作物に合った土作りにも、長い年月がかかる。長期的な視点で、何代にもわたって引き継がれながら営まれてきた農業が、果たして五年という短期間で結果を出すというやり方で可能なのか。結果が出なかった場合は再契約できず、出ていかなければならない。五年契約の「リース方式」が農業になじむのか。諫早湾干拓は、入植した人たちが、これまでにない新しいかたちの農業に取り組まなければならない事業だったのである。

2 「開門したら農業ができなくなる」——諫干ドリームファーム・山開博俊さん

潮受堤防の内側には、約六七〇ヘクタールの農地が造られ、三五の個人と法人が営農している（二〇二二年三月現在）ことは、すでに述べた。そこでは最新式のハウスが建ち並び、大型機械を使った大規模農業がおこなわれている。そして、多くの営農者は水門の開門に反対している。

二〇一九年一〇月。江藤拓・農水大臣（当時）が、就任後初めて諫早湾干拓地を訪問した。干拓地などを見て回り、干拓地で営農する農家から説明を受けたあと、諫早市役所で営農者の代表などとの意見交換会がおこなわれた。

会議室で、江藤大臣や農水省の役人たちと相対するように並んだ長崎県知事や諫早市長からは、開門反対の要望が相次いだ。諫早湾干拓地の営農者で作る「平成諫早湾干拓土地改良区」の理事長、山開博俊（やまびらきひろとし）さんも農水大臣へ要望した（写真2-1、2-2参照）。

「国におかれましては、引き続き開門しない方針のもと、今後の裁判においても、諫早湾干拓事業の意義をしっかりと主張していただきますよう、よろしくお願い申し上げます」

山開さんはもともと、諫早市小長井町で野菜の苗の生産・販売の会社を経営していた。二〇〇八年、干拓地ができたときに入植。ハウスと露地を合わせて約二二ヘクタールの農地で、農業法人「諫干ドリームファーム」を経営し、野菜や花を生産している。これまでに約一六億円の設備投資をしてきたという（写真3）。

取材・撮影を約束したその日、山開さんは予定の時間から遅れて、黒いスーツを着て現れた。取材のあと、農業委員会の会議に出席するという。山開さんは、長崎県農業会議会長や諫早市農業委員会委員長を務める。ハウスで栽培する電照菊（でんしょうぎく）は、年間を通して関東や関西にも出荷している。広大な農場に並ぶ巨大なハウスを案内してくれた（写真4）。

「ずーっとここは、タマネギ、あっちもタマネギ。

写真 2-1　意見交換会で説明する山開博俊さん

写真 2-2　意見交換会での江藤農水大臣ほか

これがキュウリ。キュウリでも何でも甘い。白菜、タマネギ、キュウリに限らず、トマトにしろ何にしろ、干拓地の（野菜）は甘いよ。土が、甘さを持っている」

干拓農地は、元は干潟だったため、ミネラル分を多く含んでいる。だから、いい野菜ができるのだという。

山開さんが農場で働くスタッフに指示して、農地の脇に設置してある農業用水のバルブを開けてくれた。ハンドルを回すと、すぐに水が出てきた。干拓地の農業用水は、パイプラインで各農地まで引かれている。取水口は、本明川の河口付近にある。この水こそが、国や県がいう「調整池の水」ということになる（七三頁の図14を参照）。

山開さんは、一貫して開門に反対してきた。開門すれば農業用水に海水が入り、農業に使えなくなるという。開門したらどうなるのかという私の質問に、少し怒ったような口調で答えた。

「現状に見て、（水門を）開けたら、相当な被害が出るよ。実際から言って。開けたらこの水、使えないいんだから。海水になるけん。この施設も何も、一巻の終わりじゃない。国が、もしも（水門を）開けたらさ、こういう設備資金かかったとを、また争わんばいかんごとなるよ。そうやろ、もう使えんとやっけん。そやけん、われわれは農業をちゃんと

写真３　諫干ドリームファーム

写真４　山開博俊さん・野菜を栽培するハウスの中で

すっとやから、司法の場でも、騒動せんでくださいというぐらいのもんやな。穏便に営農させてくれという意味よ」

水門の開門を巡って、漁業者と農業者それぞれから、国を相手にいくつも裁判が起こされてきた。裁判では、開門と非開門の相矛盾した判決が出され、今も審理が続いている。そして、国は現在、開門しない方針を示している（二〇二〇年六月放送時点）。

――最初に入植されるときに、開門を巡る問題の話とかはなかったのでしょうか？

「なかった。入植してからすぐ（二〇〇八年）六月に佐賀地裁の（開門を命じる）判決が出た。そっからずーっと裁判じゃ。入植んときは、それはなかったとよ。開門ありきでは誰も入っとらんって。ずーっと入植してから裁判、裁判、裁判やったっていうこと。もう早く決着をつけてもらいたいねっていうとが本音」。

——山開さんは小長井の出身ということで、小長井には漁師さんのお知り合いもいらっしゃる？

「全部知ってる。（干拓）反対派の松永たちでも、小っちゃいときから知ってる。あの親も知ってる、俺は。なんばガタガタぎゃん言うとか（何をいろいろそんなに言うのか）と言うときもある」

——そのへんの関係性は、どうですか。実際のところ。

「しかし、漁師しょってでも、別にけんか腰でうんぬんじゃなかけんな。あっちはあっちのあれかもしれん。こっちはこっちかもしれん。そこでどっちがいい悪いっていうのは言わない。しかし、彼らは彼らの主張があるだろうけん」

「うちらは開門せんにゃあ（しなければ）それでいいんだよ。一生懸命営農してるんだから。漁業者とわれわれ営農者の違いとか、そのあれは全然ないよ。彼らは彼らの主張があろうし、うちらは入植しとっとやっけん、この資金投入しとっとやけん、営農がきちっとできていけばそれでいいことだよ。わざわざ漁業者が悪いとか何とか言う必要もないし」

3「これだけ設備投資したらやめられない」——愛菜ファーム・山内末広さん

農業法人「愛菜ファーム」は、一〇ヘクタールの最新式ハウスと三六ヘクタールの露地で野菜を栽培している（写真5）。二〇〇八年、干拓地ができたときに、大手の建設機械販売会社の子会社として農業の分野に参入した。農薬や化学肥料をできるだけ使わない「環境保全型農業」に取り組み、ミニトマトなどを栽培している。専務の山内末広（すえひろ）さんは、親会社から出向して、会社の立ち上げから関わってきた（写真6、二〇二〇年六月放送時点）。

——現在に至るまで、ご苦労がありましたか？

「ここは水はけがちょっと（よくない）。見てわかりますように、（平坦で）あんまり下がってないように見えるでしょ。少しは下がってるんですよね。一〇〇〇分の二勾配。一〇〇メートルあるとしたら二〇センチ（メートル）はこうしてる（下がってる）んですね。しかし、これじゃ足りないんです。雨が降ったら、どうかしたときには、ここの水が引かないときがあるんですよ。普通、畑というのは、こんな、まっすぐはしてないんですよ。

いやあ、最初は大変ですよ。本当大変な、土がね、今じゃ考えられないような土ですよ。もともとは（土が）粘土質で、固まったら石みたいになってましたからね。これも金がかかるんですよ、土作りでね。最初はですね、固まるんですよ。こんな石みたいになるんですけど、これが大きいのになって崩れないんですよ、固まったら。これを、手をかけてずーっと、有機物を入れながら変えてきた。だから、相当金がかかってる。ははは。ここまでするのにですね。それはそうですよね。何百年か知らない、何千年か知らない、一億年か知らないけれど、ずっと海の底だったところですからね」

写真５　愛菜ファーム

写真６「愛菜ファーム」専務・山内末広さん

諫早湾干拓は、当初から畑作を目的にした初めての干拓地。干潟をそのまま干上げる干拓地は海岸沿いにあり、起伏がない平坦な土地になる。そのため、本来は水に浸かってもよく、潮に

写真７　愛菜ファームの排水対策工事
（画像提供：九州パディ研究所）

写真８　愛菜ファームのミニトマト選果場

も強い「稲作」が向いているとされ、それが一般的だった。諫早湾の干拓も当初、稲作目的で始まった。だが、途中から「畑作」に変わった経緯がある。

干拓地には最初から排水設備が備えられているが、それに加え、愛菜ファームでは排水をよくするための独自の取り組みもしてきた。農地にパイプを埋め込み、地下の水位を制御する最新式のシステムを敷設した。愛菜ファームには、「土木課」があり、自ら工事をおこない、数千万円をかけて約二〇ヘクタールの農地の排水を改善した（写真7）。その他、選果場の建設など、約二〇億円の設備投資をしてきた（写真8）。しかし、農産物の売り上げを伸ばしても、なかなか黒字にすることができなかったという。

――やめようとか、考えたことはなかったですか？

「いや、ありましたよ。ただ、ここまで投資しとるわけですから逃げるに逃げられないっちゅうのもあったんですね。親会社が、やめるにやめられんな、という部分はあったでしょうね」

そこで、力を入れたのが、農業土木工事や資材の販売などの「サポート・ビジネス」。愛菜ファームは、この「サポート・ビジネス」で売り上げを伸ばしてきた。

「六年目に初めて黒字になったんですよ。それは野菜だけじゃなくて、サポート・ビジネスの力ですよ。全体的な黒字になって、ああーと思ったんですね。うれしくてトップに電話しましたよ。『黒字になりました！』と言ってですね。ははは。

それからは、黒字になったり、赤字になったりが多いんですね。だから、これ（サポート・ビジネス）をもっと力入れようと思ってます。人間も増やそうと思います。サポート・ビジネスの担当をね。農業がメインなんですよ。農業だけども、これだけでは、さっき言いました、天候、天気、あれに左右されますから、びくともしない体制っちゅうのを作ってやらなきゃいけないと思いますね」

――干拓地に入植してから、撤退して辞めた方もいますよね？

「ここは一枚（農地の一区画）が六ヘクタールぐらいあるわけですから過酷なんですね。

機械も普通の機械じゃやっぱり、普通の農家さんが使うような機械じゃ耐え切れないと思うんですよ。機械が大きいのになれば高いじゃないですか。そういう資金繰り。普通の農家さんは、急に大きくすると、組織を作るのがむずかしいと思うんですよ。

うちなんかは逆に、会社から来たから、組織作るのはすぐ作りました。簡単に、逆に。組織によって振り分けていかないと、たとえば農業だけでやって大きくしていったら、ぜんぶ自分にかかってくるわけでしょう、そこの社長さんに。そしたら大変ですよね。種をまいて耕すのも一人、できあがった、商談するのも一人でしよったら。このへんで、みなさん辞められた方は、組織を作ってない方が結構おられたなって気がしますね。

うちはハウスの担当部長とか、生産部の部長とかおりますから、その人たちは組織によって、副主任、主任、係長とか課長補佐とか課長っちゅうのがおりますから、その人たちで話し合っていってもらう、生産のことは。あとは、報告は受けますけども、相談もありますけれども、一人でやってたら大変でしょう。

農家って言いながら会社なんですよ、この規模になったら。一五〇人も一三〇人もおるわけですから。そりゃあ、とてもじゃない。だから、私はパートさんなんかには冗談は言ったとしても、パートさんの言うことは聞かない。申し訳ないけど。パートさんはそこの主任とか課長とかに相談してもらえればいいと思うんです。そして、最終的には部長から私は聞けばいいと思うから。それが会社じゃないんですか。でないと、普通の農家だけを大きくして人間だけ増やしたら、それは大変でしょう、管理が。組織がないと成功しないんじゃないかと私は思いますね」

――水門を開けろという議論もありますが、開門についてはどう考えていますか？

「どこから取材されても、同じようなこと質問されるんですけど。漁師の方が、漁業されよった方が、非常に生活ができないって言われるじゃないですか。われわれは、そういうものは解決したものとして進出してきたわけですけれど。

生活ができないんだったら、生活ができるような方法を行政が考えてやらなきゃいけないと思うんです。漁業者対農業者ってなってるけど、いちばんは、（開門しないで）漁業者の方が生活できるような技術とか新しい技術（で解決する）。われわれもここに入ってきて、現実的に投資を、ものすごい投資をして入ってきてるわけですから。

有明海を、たとえば今までは貝も（海の）底で獲れてたのが、水中で（吊るして養殖して）獲る方法とかいろいろあるじゃないですか。そういう新技術で、漁師で食っていきたいっていうんやったら、国、県、自治体が補助金を、われわれも補助金もらってるから、われわれわれと同じような補助金を出してやって、生活ができるような。やろうという人だけでしょうけどね。そういうふうに思いますよ、強く。それだけですね」

第4章 なぜ争いは続くのか

1　こうして諫早湾干拓事業は進められた

古くから干拓してきた諫早湾

地形や有明海の特質から、干潟が発達しやすい諫早地域。ここでは、約七〇〇年前から沿岸で干拓がおこなわれてきた。有明海の小さな砂や泥、火山灰などが潮の干満などで溜まり、自然に干潟が広がっていくため、そのままでは陸地の水はけが悪くなる。排水をよくするためにも干拓は必要だった（図1参照）。

江戸時代には、少しずつ沖に干拓を広げていく「地先干拓」がおこなわれてきた。「柴搦方式」と呼ばれるやり方は、まず、干潮時の水際に竹や笹を立てる。数年すると、そこに自然と潟が堆積する。そして、村人総出で土を運んで固め、新しい堤防を造っていた。干拓することで水害対策になり、新しい農地もできる。地先干拓では、新しい堤防の先にまた新たな干潟ができていく。そのため、自然環境を大きく変化させることがなく、持続可能なかたちで、人と自然が調和していくことができるという先人の知恵だった。[18]

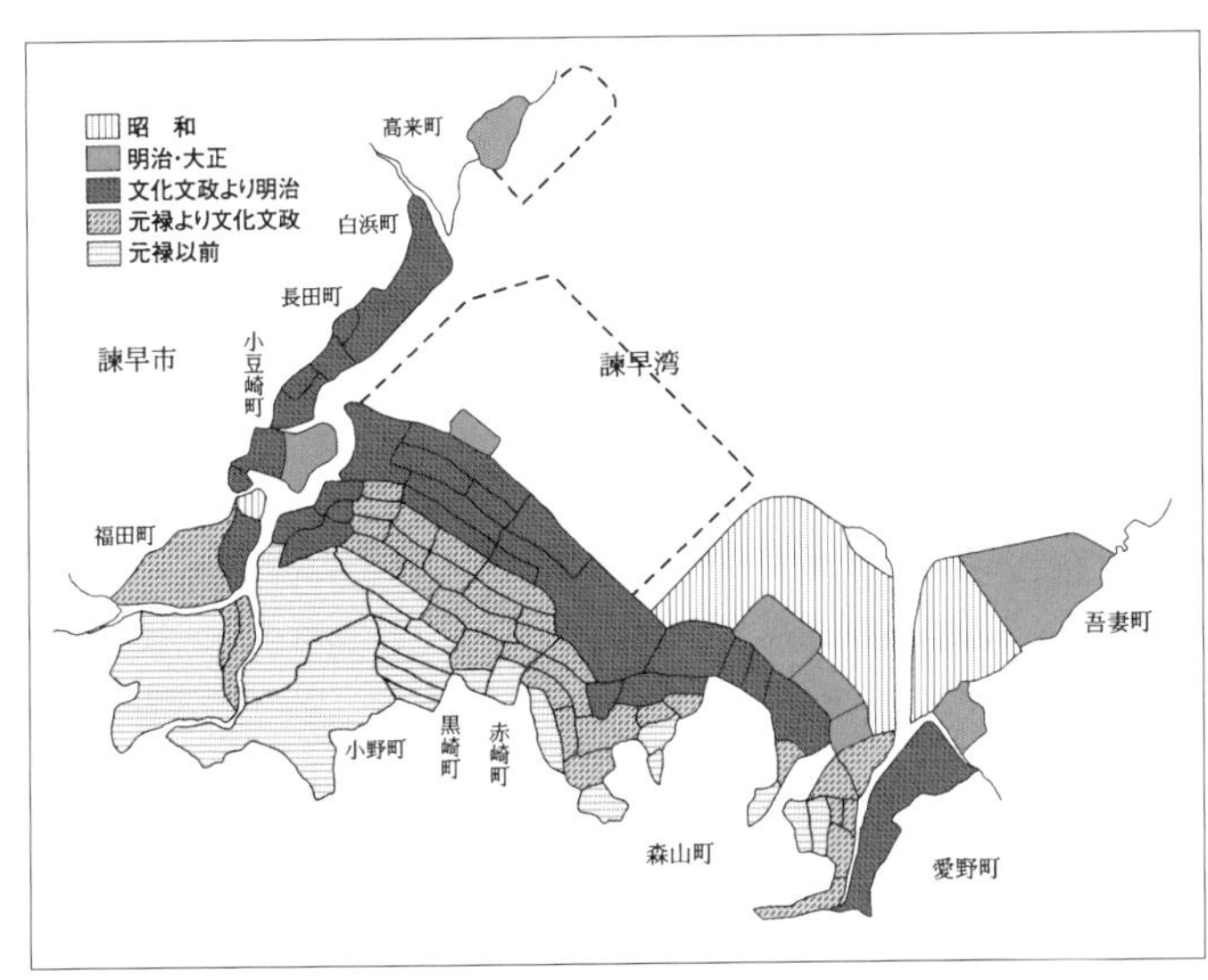

図1　諫早の干拓の歴史
〔パンフレット「今を、未来を、なぜ崩そうとするのですか？」（長崎県）より〕

しかし、戦後になり、大規模な干拓が計画されるようになった。湾を巨大な堤防で閉めきり、その中にさらに干拓地を囲む内部堤防と人工の池である調整池を造る「複式干拓」である。それは、それまで造られてきた地先干拓とは、まったく違うものだった。

二転三転した〝目的〟

諫早湾を大規模に干拓する計画が最初に持ち上がったのは、今から七〇年前、一九五二（昭和二七）年の「長崎大干拓構想」に遡る（図2－1、2－2参照）。戦後の食糧難の時代、諫早湾のほぼ全体を閉め切って干拓し、広大な水田で米を作る「食糧増産」が目的だった。閉め切り面積は約一万ヘクタール。かつてない日本最大規模の計画で、工費は一六〇億円だった。

その後、一九五七（昭和三二）年に諫早大水害（諫早豪雨）が起こり、防災目的も加えられた。しかし、漁場を失う漁民たちは干拓に反対した。やがて食糧事情も変わってくる。米が余る時代になり、一九七一（昭和四六）年からは米の生産を調整する「減反政策」も本格的におこなわれるようになる。

当初の「食糧増産」の目的は失われることになった。すると、農業用水や都市用水の「水資源開発」や「畑作」を目的とした「長崎南部地域総合開発計画」（のちに「長崎南部総

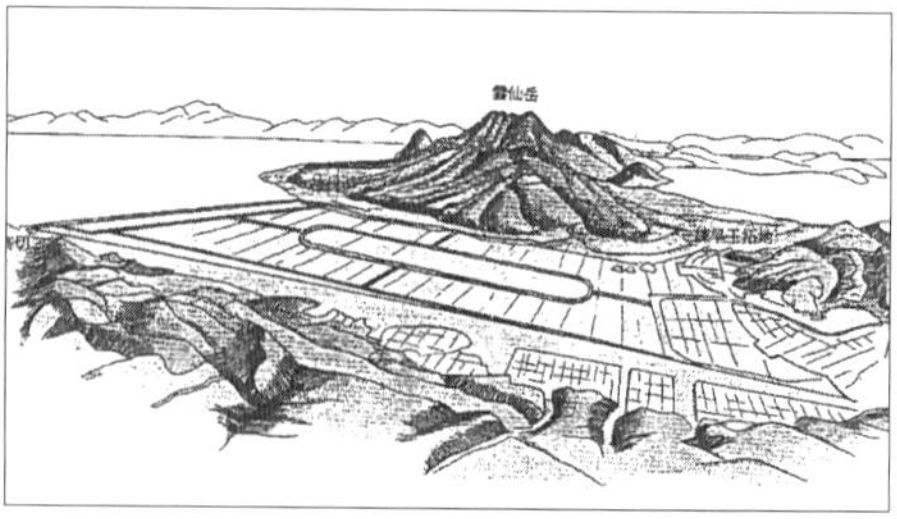

図 2-1　長崎大干拓完成予想図

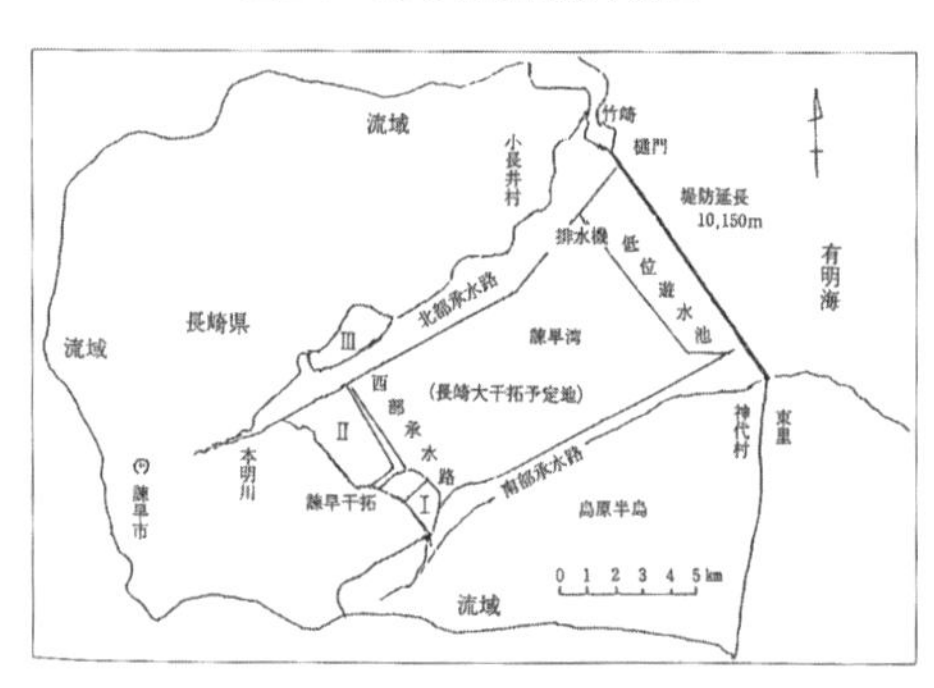

図 2-2　長崎大干拓計画概要図
〔以上（財）諫早湾地域振興基金編「諫早湾干拓のあゆみ」より〕

合開発計画」、南総）に変更される。閉め切り面積は、当初計画では約一万ヘクタール。やはり、諫早湾のほぼ全体が閉め切られる計画だった。総事業費は九〇〇億円に膨らんだ。

しかし南総は、有明海沿岸の佐賀、福岡、熊本の漁民などの猛反対にあう。各地で漁船を出しての海上デモや座り込みなどが繰り返された。

一九八二（昭和五七）年、長崎県選出の金子岩三（いわぞう）農水大臣（当時）は、「諫早湾外、県外の同意が得られず、推進は困難」として、南総打ち切りを表明した。計画は、いったんは中止に追い込まれたものの、今度は閉め切りの規模を湾の三分の一に縮小し、「防災対策」を主目的にした「諫早湾干拓事業」が計画される。

一九八五（昭和六〇）年、佐賀と福岡、そして熊本の三県漁連も計画案を受諾した。同年一一月、九州農政局は諫早湾防災総合干拓事業の事業計画案を公表した。当初の総事業費は一三五〇億円、最終的には二五三〇億円に膨らむことになる。

干拓の環境影響評価（環境アセスメント）

事業が環境にどのような影響を及ぼすかを事前に調査し、予測および評価をおこなう「環境影響評価（環境アセスメント）」。諫早湾干拓について、潮流や水質、水温や排水の影響など、生物学や土木工学の専門家たちによって、さまざまな角度から分析した結果として、九州農政局がまとめた結論は、「本事業が諫早湾及びその周辺地域に及ぼす影響は許容しうるものであると考えられる」だった。干拓工事によって多少の影響は出るが、漁業に支障はないという国の説明で、多くの漁師が同意にまわったという。

漁業影響調査の報告書について、国と県が湾内一二漁協に説明したのは一九八六(昭和六一)年三月。環境影響評価書(案)が県内一一カ所で縦覧され、住民や県民に公表されたのが同年九月。同月には、県と湾内一二漁協の漁業補償協定調印式がおこなわれるなど、干拓事業は着工に向けての大きな流れが動き始めている状況だった。[19]

諫早湾干拓の環境アセスメントに疑問を呈する研究者がいた。九州農政局の依頼で、実際に環境への影響を分析した長崎大学名誉教授・田北徹(たきたとおる)さん。二〇一一(平成二三)年、NHKの番組で証言していた。[20]

田北さんは、諫早湾干拓に計画が変更される前の「長崎南部総合開発計画(南総)」で、漁業影響検討委員会の専門委員を務めていた。諫早湾干拓の環境アセスメントは、南総のものをもとに作られた。諫早湾の生物学の第一人者である田北さんは事業に疑問を感じていた。だが、協力してほしいと説得されたという。

一九七七（昭和五二）年、田北さんは、あくまでも客観的な報告をまとめることを条件に、メンバーに加わった。農政局の担当者からは、潮流や水質など、環境の分析に欠かせない現地のデータが一切示されなかったという。


――検討委員会はどんな感じだったんでしょうか？


「肝心の諫早湾の資料がないんですよ。ですから、委員会の中で初めにそういうことを聞きまして、委員みんなびっくりしました。調査が、資料がなくてどうしてできるんだと。農政局の方の説明では、『この湾はもう、なくなることが決まっている』と。そういう場所について、漁業だとか環境だとか、調査することはできないんだと。

ですから、今までそれはやっておりません。したがって資料はありませんと。じゃあどうするんだと聞きましたら、湾外の佐賀県とか福岡、熊本県の、その辺の資料があるから、それでもって推測してくださいと。非常に驚きました」

田北さんたちが、一九七九（昭和五四）年に出した調査報告書（「諫早湾淡水湖造成に伴う湾外漁業に与える影響調査報告書」）には、諫早湾規模の海を閉め切った場合、環境の変化で海の酸素量が低下する貧酸素が起きる可能性や、堤防の周辺では赤潮が発生する恐れと魚類への影響が記されていた。報告書を受け取った担当者は、このあとは国が取りまとめ、地元の漁師たちに説明する、と話したという。田北さんたちのチームは解散。その後、農政局は環境アセスメントを作成した。その過程で、環境に関する記述はかたちを変える。

田北さんたちが、「水温のわずかな変化による産卵の遅速は、（魚類の）再生産にかなりの影響をもたらす可能性もある」などと危険性を指摘した部分は、国のアセスメントでは「予測される変化の範囲はわずかであり、（魚類への）影響はさほど大きくないと考えられる」と変わっていた。排水などによって、赤潮の発生とその影響を田北さんたちが指摘した部分は、国のアセスメントでは赤潮の記述が消え、排水の影響はほとんどない、と変わっていた。その他、潮流や貝類への影響なども報告書の警告と異なり、多くが「影響がない」「問題はない」という表現になっていた。

田北さんが国のアセスメントの内容を知ったのは、そのあと五年が経過してからだった。記述内容の変更に関する農政局からの説明は、一切なかったという。

――書き換えられたのを知ってどう思われましたか？

「研究者がいかにこういう主張をしても、政治なり行政のほうで何とでもなるという。

もう彼ら（国）には、初めからシナリオができてたんじゃないかというふうに思うんですね」

九州農政局は「アセスメントは専門家で作る委員会に諮り、助言指導を得て取りまとめた。内容を恣意的にねじ曲げるようなことや改ざんなどはあり得ない」とした。[21]

海の異変との「因果関係は不明」のまま干拓事業は進められた

一九八六（昭和六一）年一二月、諫早湾干拓事業が着手された。その目的は、高潮被害などに対する「防災機能の強化」と「優良農地の造成」だった。日本最大級の干潟を干し上げ、一四七七ヘクタールの干拓農地を整備する計画。一九八九（平成元）年から工事が始まり、一九九七（平成九）年に、「ギロチン」と言われた湾の閉め切りがおこなわれた。

干拓工事が始まると海の異変が始まった。タイラギが取れなくなり、湾の閉め切り後には赤潮が多発してアサリや魚が大量死した。国は、「因果関係は不明」とし、工事を続けた。二〇〇〇（平成一二）年から二〇〇一年にかけては、有明海で大規模なノリの色落ち被害が発生。空前の大凶作を受けて、漁民たちが大規模な抗議をおこなった。

工事は一時中断。二〇〇二年に計画が縮小され、干拓農地の面積は計画当初の約半分、六七二ヘクタールになった。結局、約一一カ月間の中断後、干拓工事は再開され、二〇〇七（平成一九）年一一月には、長崎県知事や議員が参加しての完工式がおこなわれた。そして、二〇〇八（平成二〇）年三月に完成。同年四月から本格的な営農が開始された。

新しくできた干拓農地には、当初、四一経営体が入植し営農を始めた。だがその後、一三経営体が撤退。現在は、新規参入を含めた三五経営体が営農をおこなっている。当初入植した営農者の約三分の一が、何らかの理由で撤退したことになる（二〇二二年三月現在）。

「大型の公共事業を進めたかった」——元長崎県知事・高田勇さん

干拓事業着工のとき、長崎県知事だったのは高田勇さん（一九二六—二〇一八年）。一九八二（昭和五七）年に、干拓計画が一時、中止の寸前に追い込まれたときも、干拓計画の実施を国に強く訴えた。一九九七（平成九）年、諫早湾が二九三枚の鋼板で閉め切られた、いわゆる「ギロチン」のとき、そのスイッチとなるボタンを一〇人の関係者とともに押した中の一人である（写真1—1、1—2）。

「ボタンを押したんですよ僕は。ボタンを押した一人ですよ。ボタンを押したら、ドンドンドンときたんですよ。水しぶきを上げて。びっくりしまして、僕は。いやーすごいなと思って」

　こう語る高田元知事は生前、ＮＨＫの取材に、大きな経済効果がある公共事業をどうしても進めたかったと、以下のように話していた。

「大型のもの（公共事業）はね、県でやるったってできませんよ。だから、ぜひ、公共（国）で整備してもらおうということの気持ちは、うちみたいなエンド（端）にある県は強かった、強いですね。そうじゃなければですね、これはもう、長い、先々にわたって、地域の活性化、振興というものはむずかしいなと思います。今でも僕はそうだと思いますよ。本当に」

「それは、いろいろな理屈をつけるわけですよ。

写真 1-1　スイッチの前に並ぶ高田元知事など関係者 11 人

写真 1-2　次々に海に落ちていく 293 枚の鋼板

うち（長崎県）は耕作放棄農地が多くて、農業がもうどんどん衰えていくと、優良農地を造らなくちゃダメなんだと。それから、台風が来て、台風災害がもう毎年続くんだと。そんなことも付けたりして、それで理解を求めて、事業をやって進めていくんですね」

そういった「理屈」によって国に理解を求め、事業を進めていくのだという。高田元知事の言葉は続く。

「（防災事業を県でやるには）負担がこれはえらい膨大なものになるなと。そんならば、いっぺん閉め切りによって、一発閉め切りでもって、護岸をやらないで済ませるような方法というのが、しかも国の事業でやったほうが、それはもう県としてもはるかにいいと。で、国は（諫早湾）干拓事業を、最後の大型干拓事業だから、ぜひやりたいという気持ちが強かったことも事実。だからそれが、うちとしては、そういう（防災）効果も出るからぜひやってくれと、こういうことですね」

「事業をやる。すると、そこに工事事務所ができて、人がはりつく。物品から品物まで、いろいろなものが動く。公共事業の波及効果というのは大きいですよ。これは本当に、そういう点は大きいと思います。もうまぎれもなく大きな効果が。大きな事業であればあるほど大きいと思います[22]」

背景にあるものは——巨大公共事業の推進力

走り出したら止まらない——。そういわれる公共事業。なぜ、行政は巨大公共事業を進めたいのか。立ち止まったり、変更したりすることはできないのか。

長年、経済学の立場から諫早湾干拓の研究を続けている宮入興一(みやいりこういち)さん（長崎大学名誉教授・愛知大学名誉教授）は、止まらない原因の一つとして、「大規模公共事業には事業の中止や転換の装置がほとんど付いていない」と指摘する。諫早湾干拓の場合、「事業開始前の『環境アセスメント』では、農水省によって環境への影響は『許容しうる範囲内』と書き換えられ、事業がそのまま推進されてしまった」。

また、二〇〇一（平成一三）年の公共事業再評価（『時のアセスメント』）、さらには、大規模なノリ色落ち被害を契機として農水省に設置された「ノリ第三者委員会」答申でも、最終的には「農水省内部の官僚機構の手の中で処理され、事業の中止、転換の権限を持った外部の厳正な第三者独立機関の評価がない」と問題を指摘している。

そして、もう一つの原因として、事業を巡る「政官業利権構造」の肥大化がその背景にあると指摘している。一九九六（平成八）～二〇〇〇（平成一二）年に、諫早湾干拓（諫干）

事業の受注業者四九社から自民党長崎県連に約六・八億円の企業献金が支払われた。これは、同県連への企業献金総額約一三・八億円の約半分にあたる。その他、自民党の有力議員にも数千万円の企業献金が支払われている。また、農水官僚らの諫早湾干拓関連企業への「天下り」が常態化しており、一九九六年時点で大手受注企業四九社に二五六人の技官が、その他、コンサルタント二五社にも一五二人が天下っていた（表1参照）。

一九八六（昭和六一）〜二〇〇〇（平成一二）年の諫干事業の工事契約一二七五件のうち、一般競争入札は九件（〇・七％）、指名競争入札が五五二件（四三・四％）、随意契約は最大の七一四件（五六％）だった。そして、指名競争入札での落札率（予定価格に対する落札額の割合）は九八・五％に達した。しかも、全契約の約半数は随意契約だったことなどから、『官製談合』が常態化していたとみても大過ないであろう」と宮入さんは述べる。そして、「九九年度から一般競争入札が率先導入されたが、最初の落札者が次年度以降も随時契約を結ぶパターンは変わらなかった」と指摘している。[23]

諫早湾干拓事業の総事業費は、当初の一三五〇億円から最終的には二五三〇億円へと膨らんだ。

表1　諫早湾干拓事業受注企業から自民党長崎県連への献金および農水省からの天下り人数

（単位：万円、%、人）

順位	年度／企業名	1986-90	1991-95	1996-2000	合計(万円)	%	農水省天下り(人)
1	五洋建設(株)	1,900	2,800	3,200	7,900	11.6	8
2	岩槻建設(株)	2,450	2,600	2,700	7,750	11.4	5
3	(株)熊谷組	1,700	1,300	1,800	4,800	7.1	9
4	西松建設(株)	900	1,200	1,600	3,700	5.4	10
5	佐伯建設工業(株)	1,000	1,200	1,500	3,700	5.4	7
6	東洋建設(株)	550	800	1,450	2,800	4.1	7
7	(株)大林組	600	900	1,050	2,550	3.8	10
8	東亜建設工業(株)	570	1,030	900	2,500	3.7	6
9	鹿島建設(株)	1,500	600	300	2,400	3.5	6
10	(株)フジタ	800	800	700	2,300	3.4	9
10	大日本土木(株)	600	800	900	2,300	3.4	9
(小計)		12,570	14,030	16,100	42,700	62.8	86
12	りんかい建設(株)	550	800	800	2,150	3.2	10
13	佐藤工業(株)	850	550	600	2,000	2.9	7
13	(株)間組	1,200	400	400	2,000	2.9	10
15	前田建設工業(株)	550	200	1,100	1,850	2.7	12
15	三井建設(株)	500	500	850	1,850	2.7	8
17	(株)青木建設	500	600	600	1,700	2.5	10
18	(株)鴻池組	270	290	970	1,530	2.3	9
19	(株)奥村組	—	600	800	1,400	2.1	8
20	清水建設(株)	900	300	—	1,200	1.8	9
(小計)		5,320	4,240	6,120	15,680	23.1	83
21	三幸建設工業(株)	300	200	600	1,100	1.6	7
22	(株)大本組	—	—	1,050	1,050	1.5	7
23	(株)銭高組	850	—	—	850	1.3	7
24	大成建設(株)	600	200	—	800	1.2	7
25	(株)上滝	—	150	600	750	1.1	—
25	黒瀬建設(株)	—	550	200	750	1.1	—
27	三井不動産建設(株)	200	100	300	600	0.9	5
28	飛鳥建設(株)	200	50	300	550	0.8	11
29	(株)西海建設	—	130	250	380	0.6	—
30	三菱重工業(株)	300	—	—	300	0.4	—
30	大豊建設(株)	—	—	300	300	0.4	9
(小計)		2,450	1,380	3,600	7,430	10.9	53
32-49	下位18社	10	1.000	1.150	2.160	3.2	34
合計(A)		20,350	20.650	26.970	**67.970**	100.0	**256**
企業献金総額(B)		47,970	39,420	51,360	**138,750**	—	—
(A)/(B)(%)		42.4	52.4	52.5	49.0	—	—

〔宮入興一「諫早湾干拓事業－その経緯と問われる行政の公共性」『日本環境会議（JEC）「諫早湾干拓問題検証委員会」報告書』（2021年）より、太字は筆者〕

2 排水門の開門を巡って

大規模なノリ色落ち被害から「短期開門調査」へ

諫早湾干拓は、排水門の開門を巡って、司法の場でも今なお争われ続けている。どうしてこのような事態に陥ったのか。

繰り返しになるが、状況を振り返る。国営諫早湾干拓事業は、一九八六（昭和六一）年に事業着手、一九八九（平成元）年から工事が始まった。一九九七（平成九）年に湾の三分の一が閉め切られ、水門を閉める様子は「ギロチン」とも言われた。

工事着工後、タイラギやアサリが大量に死滅するなど異変が相次いだが、国は「因果関係は不明」とし、工事を続けた。二〇〇〇（平成一二）年から二〇〇一年にかけて、有明海で大規模なノリの色落ち被害が発生、空前の大凶作となった。有明海沿岸漁民は、海上デモなど大規模な抗議行動を起こし、工事の中止や排水門の開門を訴えた。

漁民の抗議を受け、国は二〇〇一年、「有明海ノリ不作等対策関係調査検討委員会（ノリ第三者委員会)」を設置。委員会は、短期(二カ月程度)、中期(半年程度)、長期(数年間)の三段階で「排水門の開門調査」の実施を提言した。提言を受け、農水省は工事を一時中断。二〇〇二年四~五月の二七日間、「短期開門調査」をおこなった。

しかし農水省は、諫早湾閉め切りの影響は、「ほぼ諫早湾内に止まっており、諫早湾外の有明海全体にはほとんど影響を与えていない」との報告書を発表した。[24] また、短期開門調査で養殖アサリが死ぬなどの被害が出たとして、小長井町漁協など湾内四漁協(当時)に対して国は、合計約六〇〇〇万円の漁業補償を支払った。そして、開門すれば漁業被害が生じるとした。

二〇〇三年には農水省OBを中心とした「中・長期開門調査検討会議」が設置され、調査に否定的な報告書を提出。結局、「影響の解明は困難」として、国は中・長期開門調査の実施を見送った。

開門したら海の状況は改善する? しない?

この短期開門調査の農水省の結果報告に対して、研究者からは反論が出されている。

二五年にわたり有明海で調査を続ける静岡大学教授の佐藤慎一さんは、短期開門調査後

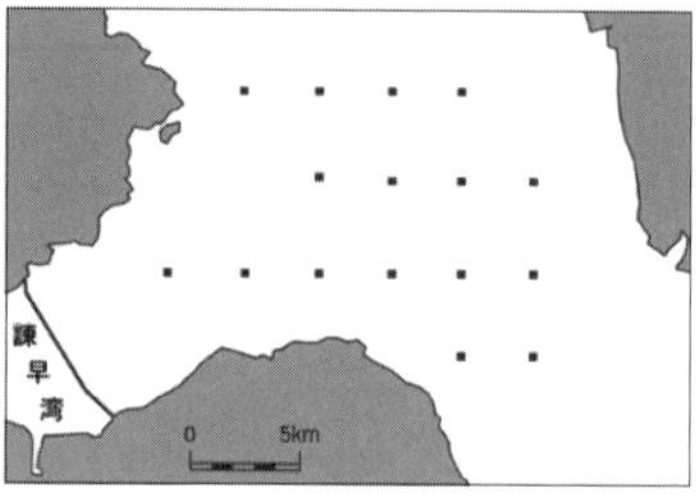

図3　佐藤慎一教授たちが1997年から毎年調査してきた16定点
〔佐藤慎一／東幹夫「潮止めから20年：諫早湾干拓調整池と堤防外側海域の生物はどう変化したか？」『有明海の環境と漁業 第3号』（有明海漁民・市民ネットワーク・2017年）より〕

に有明海では大きな変化が見られたと指摘している。
佐藤さんは、長崎大学名誉教授の東幹夫（あずまみきお）さんとともに、諫早湾閉め切り二カ月後の一九九七（平成九）年六月から現在まで毎年、有明海奥部の一六定点で底生動物の生息調査をおこなっている（図3参照）。

ゴカイなどの多毛類や二枚貝類、ヨコエビ類などの底生動物は、水底に棲んで移動能力が低い。よって、動き回って移動する魚とは違い、「環境指標」として優れた特性がある。また、漁船漁業の漁獲対象になる魚介類が食べる、重要な食物資源の一つでもある。つまり、底生動物の増減は、海の状況を表すバロメーターになるというのだ。

二〇〇二（平成一四）年の短期開門調査は、調整池の水位をマイナス一・二メートルからマイナス一メートルのわずか二〇センチだけの潮位差で海水を調整池に入れ、水位が上がれば排水するというものだった。佐藤さんによれば、それでも有明海では大きな変化が見られたという。短期開門調査の翌月二〇〇二年六月の調査では、湾が閉めきられて二カ月後の一九九七年六月（一万二四九四個体／㎡）の二・一倍、調査前年二〇〇一年六月（四七七八個体／㎡）の五・六倍に、それぞれ生息密度が激増した（二〇〇二年六月：二万六六三六個体／㎡、図4参照）。二〇〇三年以降は、このような変化は見られず、ずっと減少傾向が続いている。このことからも、短期開門による影響が大きかったと佐藤さんは断言する。

しかし、国の調査報告書は、堤防の外側の海域では「湾奥の底生生物の個体数に、海水導入前後でやや変化がみられた

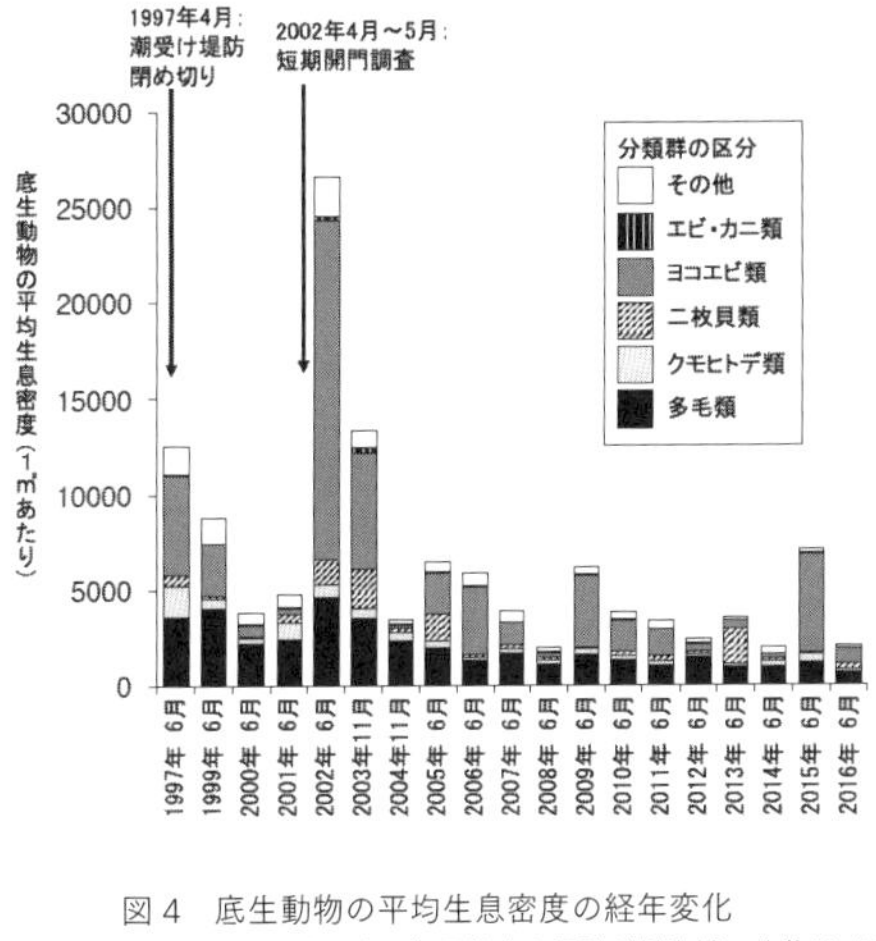

図４　底生動物の平均生息密度の経年変化
〔佐藤慎一／東幹夫「潮止めから20年：諫早湾干拓調整池と堤防外側海域の生物はどう変化したか？」『有明海の環境と漁業 第３号』（有明海漁民・市民ネットワーク・2017年）より〕

底生生物

調整池では、海水導入によって塩化物イオン濃度が変化し、汽水性の底生生物が増えるなど、海水導入前後で種数、種類、個体数に変化がみられたが、7月から10月にかけて海水導入前と同程度になった。

海域では、湾奥の底生生物の個体数に、海水導入前後でやや変化がみられたが（図5）、種数・種類には海水導入前後で変化はほとんどみられなかった。

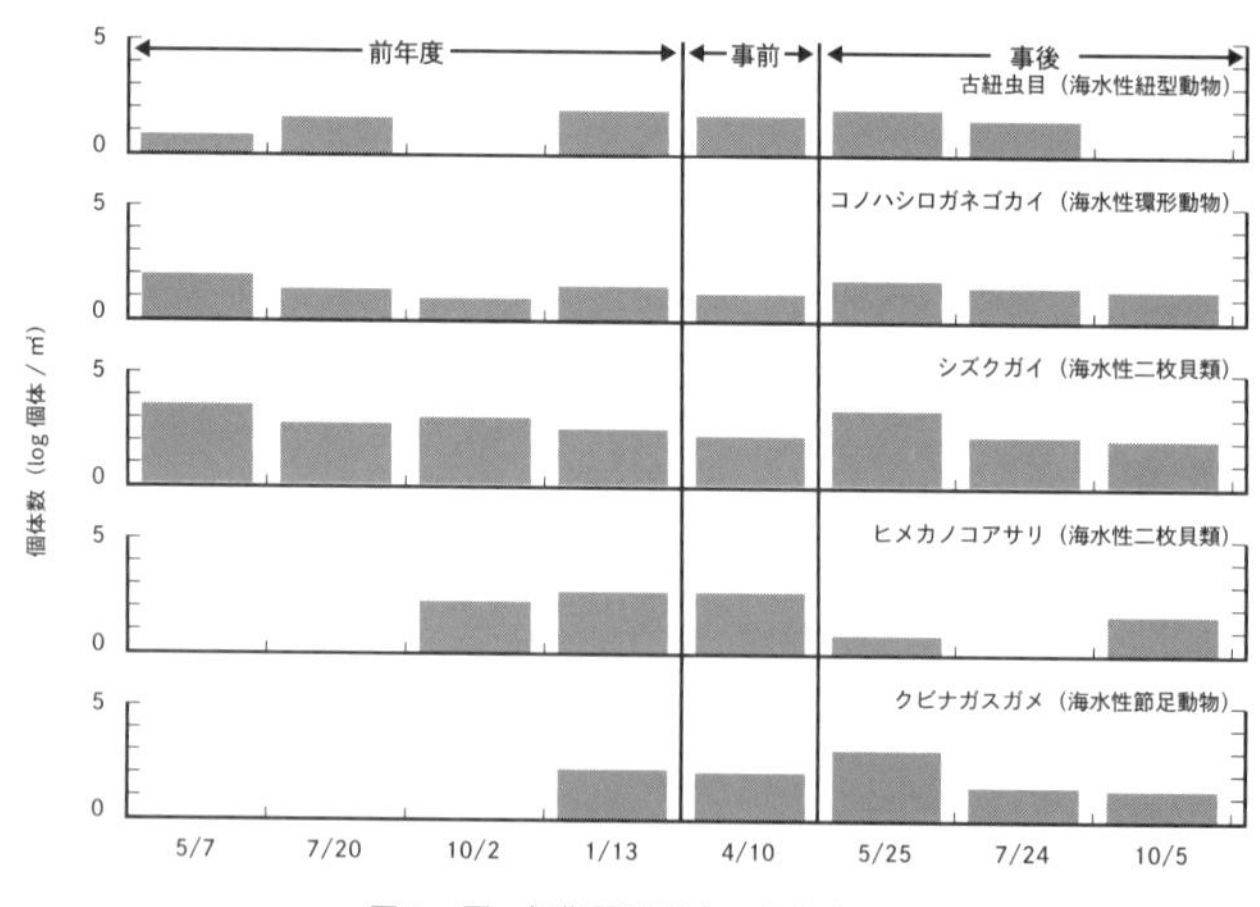

図5　国の短期開門調査・報告書より
（筆者注：図の番号を筆者が変更）

が、種数・種類には海水導入前後で変化はほとんどみられなかった」（図5参照）としている。[25]

なぜ、農水省（九州農政局）の調査と佐藤さんの調査とは、大きく結果が違っているのか。佐藤さんは、調査地点の違いを指摘する。農水省の調査地点は、潮受堤防外側の海域では堤防周辺の九地点のみで、湾外の有明海では調査がおこなわれていない（図6参照）。そのため、「有明海で見られた底生動物の大きな変化を見落としている」と佐藤さんは指摘する。

諫早湾内の堤防周辺では底質が泥であるのに対し、湾外の有明海では砂と泥になる。また、堤防周辺で貧酸素水塊が多く発生していることなどから、湾外の海域で底生動物が激増したと考えられるという。そしてこのときは、わずか二七日間で開門を終えたため、その後一〜二年で元の状態に戻った（図4参照）。だが佐藤さんは、もっと開門を続ければ、「底生動物の質的な変化も見られ、それが漁船漁業の対象となる魚介類の増加にもつながることが予想される」とも指摘している。[26]

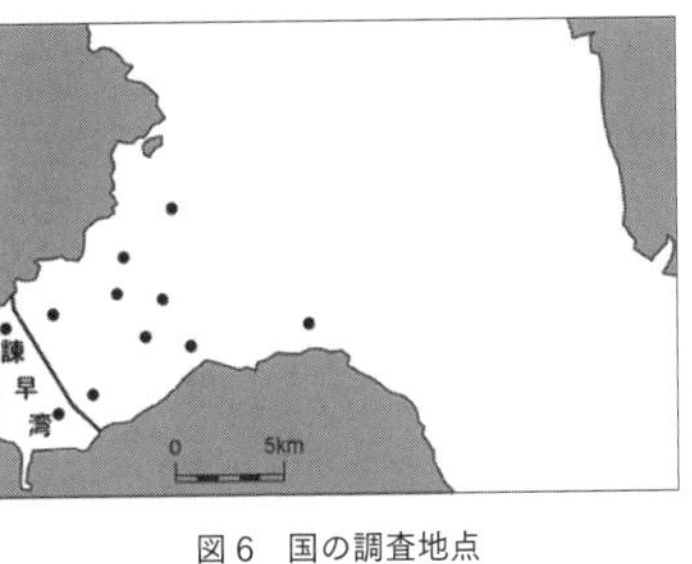

図６　国の調査地点

そのほかにも、元水産庁職員で、ＮＰＯ法人「21世紀の水産を考える会」理事の中山眞理子さんは、短期開門調査後、魚介類の水揚げも増加したと指摘している。[27] 小長井町漁協では、アサリは前年の二〇〇一（平成一三）年に七七六二万円だった水揚高が、二〇〇二年は倍近い一億四五九七万円に増え、二〇〇三年も一億九七九八万円だった。「排水門に近い漁場ほどアサリの水揚げが二倍、三倍に増え、遠い漁場にはあまり効果がなかった」と中山さんは言う。

また、小長井町の隣、佐賀県太良町でも開門の効果が見られた。一九九九年からほとんど獲れなくなっていたタイラギは、短期開門調査の年に稚貝が見つかり、生育を待って翌年漁獲した。モガイも二〇〇二年は前年の六倍、その翌年は二・八倍と漁獲量が増加した。アサリについても、それまで「夏場には死んでしまうことが多いが、短期開門調査のあとは水質がよくなって、夏場を越すことができたため、この年の秋に大きく育ったアサリが収穫できた。そして、この年に稚貝ができて翌年の収穫につながった」という漁民の声を中山さんは紹介している。[28]

短期開門調査を、実際のところ漁業者はどうとらえているのか。小長井町の漁師・松永秀則さんに聞いた。当時、松永さん自身は開門調査に賛成していたが、組合長の意向もあり、小長井町漁協としては、「排水で被害を受ける」として開門調査に反対していた。漁民のあいだでも開門調査賛成と反対とに分かれていた。

調査がおこなわれる一週間ほど前の深夜、国と県の職員と小長井町長、そして漁協の幹部が公民館に集められたという。その頃、漁協の理事をしていた松永さんも会合に参加した。そこで、「中・長期開門調査をやらせないためにも短期（開門調査）をやらせてください」と長崎県諫早湾干拓室の職員が頭を下げた。そして、農水省九州農政局諫早湾干拓事務所の職員が「漁業被害があってもなくても補償しますから、短期開門調査をやらせてください」と言ったという。
ルポライターの永尾俊彦さんは、この件について、「干拓事務所に事実関係を確認したが、渡辺光邦次長（筆者注：当時）は『被害に対して補償するのであって、被害が出ても出なくても補償すると言うなどありえません』と否定した」としている。[29]
松永さんによると、実際に開門して、排水門に近い場所にある松永さんのアサリ養殖場では被害はあまりなく、むしろ通常の排水のほうが被害は大きいという。短期開門調査はわずか一カ月ほどだったが、開門して調整池に海水が入ることで調整池からの排水の水質が改善されて、排水があっても稚貝が生き残った。その結果、それまで年数十キログラムの水揚げだったアサリが、翌年には約一〇倍の数百キログラムに増えた。開門して効果があったと実感したという。
「短期開門調査のあと漁場が改善されてアサリが増えたが、被害があってアサリが死んだことにされた。被害があったと言わないとお金が来ないから」（松永さん）
実際の被害に関する詳細な調査はおこなわれなかった。国が四漁協に支払った六〇〇〇万円は、「被害に対する補償金ではなく迷惑料」。つまり、国や県は、短期開門調査で被害が出たということにしたかったという。「結局、中・長期開門調査をしないために漁協は利用された」と松永さんは語った。

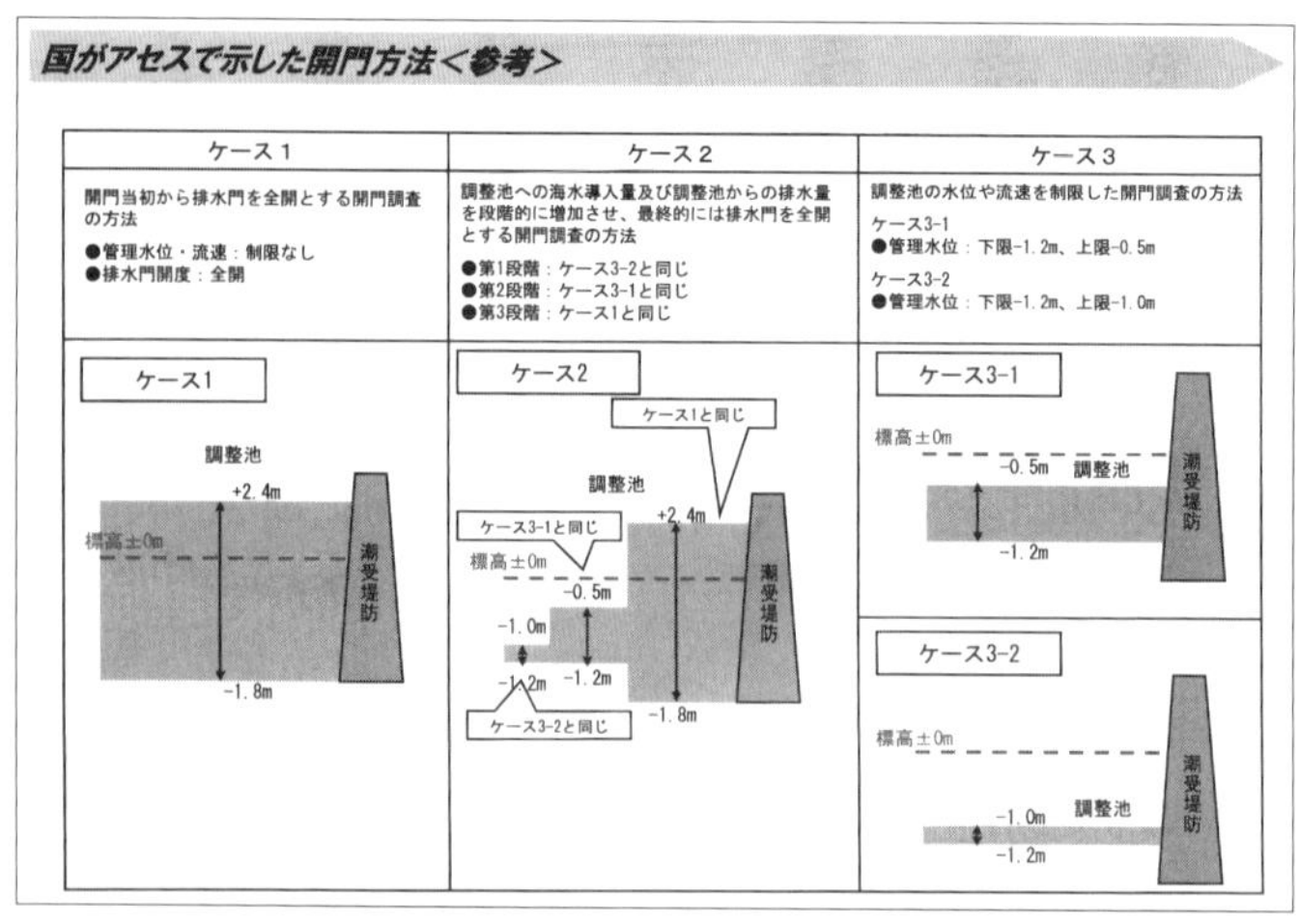

図７　開門方法〔長崎県「国営諫早湾干拓事業について」（2019年９月）より〕

漁業者が求めた「開門」判決が確定

農水省に対し、納得がいかない有明海沿岸の漁業者など約二五〇〇人が、二〇〇二（平成一四）年一一月、国を相手取り、工事中止を求めて佐賀地裁に提訴した。これが現在まで続く長い法廷での争いの始まりとなった。一度は、佐賀地裁が工事差し止めを命じる仮処分を決定したものの、二〇〇五年五月には福岡高裁が工事差し止めを取り消し、工事が再開された。そして、二〇〇八（平成二〇）年三月に干拓地は完成。四月から営農が始まった。

その二カ月後の二〇〇八年六月、佐賀地

裁は、一部の漁業被害を認め、「三年以内に水門を開門」し、「五年間の開門調査」をするように命じる判決を出した。国や被害が認められなかった漁業者の一部が福岡高裁に控訴した。福岡高裁は、二〇一〇年一二月、一審判決を支持し、国に「開門を命じる」判決を言い渡した。当時の民主党・菅直人首相が上告を断念して判決は確定。国は二〇一三（平成二五）年一二月までに開門する義務を負った。

判決に従い、開門調査をおこなうための準備を国は進めた（巻末資料の図e～hを参照）。「開門への協力のお願い」というパンフレットを作り、住民説明会も開いた。「開門は、防災上、営農上、漁業上の影響を最も小さくできる方法」でおこなう。海水を調整池に入れるものの、調整池の水位を現状と同じマイナス一メートルに管理する。農水省が挙げた四つの開門方法の一つで、短期開門調査と同じ、「ケース3－2」の開門方法（図7参照）[30]で五年間おこなう。現状と同じマイナス一メートルで管理するため、「調整池の防災機能は今まで通り」とした。

「後背地への塩水侵入を防止する」とともに、常時排水ポンプを設置するなどして「排水対策を実施」する。また、「老朽化した既設堤防・排水樋門等を補修し、塩水の浸入を防止」する。そして、営農については、「営農用水の代替水源を海水淡水化施設によって確保し、今まで通り営農は行える」ようにする。漁業についても、「排水門からの濁りの発生を抑制」するなど被害防止策を実施する、などとした。つまり、この時点で、国は、防災や営農に大きな影響が出ないような対策をすることで、開門調査をすることができるとしていた。[31]

営農者が求めた「非開門」判決も確定

二〇一一（平成二三）年四月、今度は逆に、干拓地の営農者などが国に「開門差し止め」を求めて、長崎地裁に提訴した。同年九月、当時の鹿野（かの）道彦・農水大臣が諫早市を訪問し、開門確定判決に基づいて、長崎県の中村法道（ほうどう）知事（当時）に開門調査について説明した。全開から制限開門まで四通りの方法を示し（図7と注30を参照）、営農や防災への影響を最も小さくするために、調整池の水位変動幅を二〇センチに抑える「制限開門」（ケース3－2）で調査する方針を示した。しかし、中村知事は声を荒げて反発。「今後も開門を前提とした協議には一切応じない」と態度を硬化させた。

二〇一二年の衆院選で再び自民党政権になると、国は諫早湾干拓を巡る政策を転換する。開門判決を履行する期限である二〇一三年一二月二〇日を迎えても、国は確定判決に従わず、開門しなかった。開門を求める漁業者たちは、期限になっても開門しなかった国に対し、開門するまで制裁金を払わせる「間接強制」を佐賀地裁に申し立てた。二〇一四年、佐賀地裁、福岡高裁ともに一日四九万円（のちに九〇万円に増額）の支払いを命じた。

一方で、二〇一三年一一月、長崎地裁は、干拓地の営農者が申し立てていた「開門差し止め」を国に命じる仮処分を決定した。この決定に基づいて、営農者は国が〝開門した場合〟、国に制裁金を支払わせる「間接強制」を申し立て、長崎地裁に提訴。長崎地裁と福岡高裁は、二〇一五年、国に一日四九万円の制裁金の支払いを命じることを決定した。国は、開門しても、しなくても制裁金を支払わなければならない、異例の事態に陥った。

さらに二〇一七年四月、長崎地裁は、農業者が国に対して「開門差し止め」を求める訴訟で、「開門差し止め」を認める判決を下す。農業者が訴えた、開門すると海水が調整池に入り農業用水として使えなくなるという「農業用水の水源喪失」については、諫早湾干拓地（新干拓地）では国が用意する海水淡水化施設で対応できるとした。だが、旧干拓地の三九人が海水淡水化施設からの供給が予定されていないため被害の恐れがあるとした。また、農作物の「塩害」について、国は鋼矢板の打設や散水、常時排水ポンプで対策するとし、判決は新干拓地では被害はないとした。しかし、旧干拓地の五人が塩害の恐れがあるとした。また、強風で運ばれてくる塩分による被害「潮風害」については、国は散水などで対策するとしていたのに対し、判決はその恐れがあると認定した。だが、その潮風害を発生させる風量（風速五メートル毎秒以上の強風が四日程度継続する場合）について国は、一九八九（平成元）から二〇一一（平成二三）年までの二三年間で六回、湾閉め切り後では四回しかないと主張。判決に対しても、予防的・計画的に散水する対策をとると反論している。

いずれにしろ、約七〇〇〇人が働く新干拓地での大きな影響ではなく、旧干拓地のあわせて四四人（海水淡水化施設の供給が予定されていない三九人と塩害の恐れがある五人）と潮風害の対策ができれば開門できるとも読み取れる。しかし、結局、被告である国は控訴しなかった。そして、国として「開門しない」立場を明らかにした。

開門を求める漁業者たちは、農業者と国だけでおこなわれたこの裁判に、利害が大きく関係する自分たちも参加することを求める申し立てをおこなった。しかし、福岡高裁も最高裁も参加を認めず、二〇一一九年六月、「開門差し止め」判決が確定した。同じ六月、長崎の漁業者が開門を求めていた別の裁判も、最高裁で敗訴。「非開門」判決が確定した。

国は「開門」確定判決の〝無力化〟を求め提訴

「開門」「非開門」の相反する判決が出される中で、国は二〇一四（平成二六）年に「当時とは有明海の環境などの事情が変わった」と主張し、「開門」確定判決を〝無力化〟する「請求異議訴訟」を佐賀地裁で起こした。いったんは開門調査の準備を進めていたが、ここにきて「地元の反対で開門対策工事が不可能」「諫早湾周辺の漁獲量が増加傾向」など、〝開門できない事情〟を挙げ、「開門」確定判決の無力化を主張する。同年、佐賀地裁は、国の請求を退けたが、国は控訴した。

二〇一六年、国は漁業者側に対し和解案を示す。それは「開門しない前提」で、有明海の調査や水産資源再生のための「一〇〇億円の漁業振興基金」を設立するというものだった。国の訴訟事務のトップ、定塚誠・法務省訟務局長（現在は東京高裁裁判官・二〇二二年時点）は強気な発言を繰り返した。

「『このままではあなたたちは負ける。和解しましょう』

二〇一六年一月。排水門の開門を求める漁業者側に、国の訴訟事務のトップ、法務省の定塚誠・訟務局長自ら『開門によらない』和解を切り出した」（「朝日新聞」二〇一六年

九月一三日付より）

「国と営農者、開門派の漁業者による非公開の和解協議が（二〇一六年四月）一一日、長崎地裁であった。国は『（漁業者側は）訴訟に負けてしまえば何も残らないのだから、和解で解決すべきだ。（訴訟の結果次第で）国が支払った間接強制金も全額、返還請求する』と述べた。〈中略〉法務省の定塚誠訟務局長は『和解するかどうかは、予想される判決を踏まえて検討するもの。間接強制金の返金はびた一文もまけない』と発言した」（「宮崎日日新聞」二〇一六年四月一二日付より）（カッコ内日付は筆者）

しかし、漁民たちはこの「開門しない前提」の和解案を受け入れなかった。なぜなら、国は中・長期の開門調査をおこなわなかった一方で、有明海再生のための、水質やタイラギなどの資源回復に向けた調査、環境改善のために漁場に砂を入れる事業など「漁場振興」に、二〇〇二年度から一六年度までに三八七億円を投じていた。にもかかわらず、海の状況はまったく改善されていないと、漁民たちは感じていた。和解案の「一〇〇億円の基金」で有明海が再生するとは考えられない。対処療法的な対策ではなく、根本的な対策として開門が必要だと考えていた。

二〇一八（平成三〇）年、福岡高裁は、国の案に沿った和解勧告を出した。漁業者は、開門しない限り有明海の再生は不可能とこれに反発し、和解協議は物別れに終わった。同年七月、福岡高裁は判決を出し、国の逆転勝訴を言い渡した。判決理由としては、二〇一〇年の確定判決時に漁業者側が持っていた共同漁業権は、漁業法で一〇年と規定された二〇一三年八月末で消滅し、更新した現在の漁業権とは別物だと判断。漁業権の消滅に伴い、開門請求の権利も失われたとした。漁業者側は「漁業権は更新され、実質的には同じ漁業権が続いている」と主張したが、判決では退けられた。

長年、漁業権は更新・継続されることを前提に漁を続けている漁業者にとっては、とうてい納得できる判決ではなかった。漁獲量が本当に増加傾向にあるのかそうでないのか。開門した場合に被害が出ないようにする対策工事はできるのかできないのか。そういった、本来審理されるべき主要な争点について、判決では触れられていなかった。「非開門」ありきで理屈をこねて出された結論であり、有明海の問題に正面から向き合っていないと漁業者側は反発し、上告した。

二〇一九（令和元）年九月、その上告された最高裁で、判決が言いわたされようとしていた。この年の六月、ほかの二つの訴訟では相次いで「非開門」の最高裁判決が出されていた。ここで国が勝訴すれば、漁業者が唯一持っていた「開門」の確定判決が〝無力化〟され、漁民たちの主張は聞き入れられないかたちで、諫早湾干拓問題が終わってしまうかもしれない状況だった。

最高裁判決で問題は終わる？——松永秀則さんを再訪

開門を主張してきた漁民たちは、こうした状況にどういう思いでいるのか。二〇一九年七月。私は以前取材していた漁師の松永秀則さんを一七年ぶりに訪ねた。松永さんは、久しぶりに会う私を見て「老けたねー」などと言いながら、再会を喜んでくれた。

二〇一九年九月一三日、判決の日。私たちは松永さんのお宅でともに、判決の結果をテレビの前で待っていた。松永さん自身が原告として開門を求めた裁判は、同年六月に敗訴が確定していた。以前取材していたとき、いつも前向きで明るく振る舞っていた松永さんだった。だが、この敗訴はかなりこたえたようで、元気があまりないように感じた。そして、今回の判決次第で、二〇年近く続いてきた一連の司法での争いが、漁民側の敗訴で終わってしまうかもしれない……。そんな状況の中で、流れにあらがうかのように、気丈に私たちに話してくれた。

「裁判で私たちは負けたんだけど、負けても私たちは認めてるわけじゃないですもんね。海の影響は干拓によって、壊れていってると。海がですね。というのは現実ですから。だからその事実を、やっぱり事実として認めてもらうまでは、何らかのかたちで闘っていかざるをえないでしょう。海を戻すために」

やがて、テレビでアナウンサーが判決の内容を伝えた。

「今、入ったニュースです。長崎県諫早湾の干拓事業を巡り、排水門の開門を命じた確定判決を無効とするよう国が求めたことについて、最高裁判所は判決で、国の訴えを認めた二審の判決を取り消し、福岡高等裁判所で審議をやり直すよう命じました」

松永さんが、「やり直し!」と声を上げた。

判決は、国の訴えを認めた二審判決を破棄し、福岡高裁への差し戻しを命じた。前の高裁判決で判断理由として挙げられていた〝漁業権〟については、「開門を命じた二〇一〇年の確定判決が、更新後も同じ共同漁業権が同じ漁業者に与えられることを前提としていた」と指摘し、二審判決の判断を否定した。審理は差し戻され、法廷での闘いは続くことになった。

「おお、やっと、あいですね。これがなかったらやっぱりもう、裁判所もなかっと（ないのと）一緒ですもんね。やっと体面を保ったって感じ」

——判決を聞いてどうですか？

「そうですね。裁判所がどうにもならんで、体面を保ったって感じでしょうね。もう死ぬか生きるかのとこやったと思うですよ。これがやったら（国が勝訴だったら）もう大変な問題だと思うんですよね。しかし、やり直して、高裁がどこまで、やるのかですよね」

——開門しないという判決が出るかもというのはありましたか？

「それは想定外ですね。今、想定外が、想定外じゃなくなってますから。当たり前のようにしてですね。考えもしないことがあってるんで」

——こういう判決が出たっていうのは？

「一応評価したいと思いますよね。確定判決後に漁獲量が、増加傾向に転じたとかですね、うそばっかりなんですよね、国が言うのは」

——というのは？

「ここ（前の福岡高裁判決）で言ってるんですね。国側は、漁業権は期限切れで消滅したとか、漁獲量が増えたとかですね。（開門した場合）農業や防災面の悪影響を防ぐ工事ができていないとか、これ自分たちがやってないだけのことであってね。開門を認めない司法判断が出たとか。結局は、自分たちがやらないで、何もしないでですね、ウソとか、そういうの平気でよう言えるなと」

――漁獲量が増えたというのはどうですか？

「これは増えてないですよ。たとえば何を算定しているのかっていうのがですね。結局は、例えばノリっていうんであればノリが上がったかもしれないけど、全体的な量とか、あの、一時的に上がることもあるんですよね。ノリも安かったり悪かったりしたら、結局、採算を上げるために、遅くまで取ったりですね。悪いやつもどんどん、量を上げんばいかんでしょう。そしたら金額も少し上がるけど、結局、経費が食いすぎて（かかりすぎて）、経費に食われて、所得というのは本来よりかは下がると、そういう仕組みっていうのはまったくこれ（漁獲量は増加傾向にあると主張する県が作成したパンフレットの図）には入ってないんですよね。ただ水揚げの総水揚げを挙げてあるというだけですよね」

テレビは繰り返し、判決を伝えていた。

「福岡高裁で審議をやり直すよう命じました。二審は、漁業者の漁業権はすでに消滅しているとして、確定判決を無効と判断しましたが、最高裁判所はこれを認めず、ほかの争点も審議すべきと判断したと見られます」

小長井町漁協は開門反対の立場に

二〇一九年一〇月、当時の江藤拓・農水大臣が干拓地を訪問したあとに、諫早市役所でおこなわれた意見交換会。開門反対を訴える干拓地の営農者代表や長崎県知事、諫早市長たちと並んで、当時、小長井町漁協の組合長だった新宮隆喜（しんぐうたかき）さんの姿もあった（写真2－1、2－2）。かつて干拓工事に最後まで反対していた小長井町漁協は今、組合としては開門反対の立場をとっているのだ。

自身もタイラギ漁をしていた新宮さんは、以前は干拓工事に反対していた。しかし、「『国が「やる」と言ったら、止められない』。ならば、新たな環境で一丸となって新たな漁業に取り組もう。国に協力し、漁業振興策を引き出すしかない」（「朝日新聞」二〇一三年一二月一八日付）と考えるに至った。同じ小長井町漁協の松永さんとも違う立場に引き裂かれてしまった。

二〇年前、私は取材で組合長だった新宮さんに会ったことがあった。今回、改めて話を聞かせてほしいと漁協に何度も電話したが、「不在」とか「会議中」と言われ、なかなか会うことも話すこともできなかった。実際に漁協も訪ねたが、同じだった。そして、漁協の職員を通して、「マスコミに話すことはない」と言っていると伝えられた。

そうした中、農水大臣との意見交換会の場に、新宮さんがいたのである。彼は、県知事や市長と並んで最前列に座り、大臣に対して、諫早湾の漁業の現状を話し、開門しないでほしいと訴えた。

写真 2-1　意見を述べる新宮隆喜 小長井町漁協組合長（当時）

写真 2-2　諫早市役所での意見交換会

「ここ諫早湾地域では、私ども地元漁業者が主にアサリとカキの養殖でですね、今は、生計を立てております。まあ、アサリの養殖については、もともと諫早湾は潟の海であり、そういうところで、盛り土と海砂をまいて、アサリ養殖場を造成しました。また潟土が堆積しないように溝を掘り、また外敵生物を防ぐために網などを設置するなど、常に漁場の管理・手入れをおこなっているところでございます。こうして育てたアサリは手掘りで収穫するために、砂抜きが早く、また餌が豊富なために、殻からはみ出すほど身がよく入ります。

また次にカキについてですが、諫早湾堤防完成後、養殖を開始したわけでございます。これは堤防ができることでもって、流れ（潮流）がですね、ある程度穏やかになってきて、その、今まではできなかったイカダ養殖ができるようになったわけでございます。そして今は、価値については、今はブランドのカキのですね、『華漣（かれん）』などを生産しているわけでございますけど、これは全国的に、また海外にも相当な好評をいただいているわけでございます。これは、江藤先生の前の前の大臣の方なんかもよく、私の名前よりも『華漣』をよく覚えて。私の顔を見たら、『ああ華漣の組合長だ』と言われるようにですね、よく言われているようにやはりその華漣っていうことで今通っているところです。今現在は、アサリやカキがうちの漁協の約半分以上の水揚げを占めてるというようになっております。

それにあとは開門問題でございますけど、これまで潮受堤防の新しい環境のもとでその環境に見合った新しい漁業経営をおこなうために努力を重ねてきたわけでございます。また開門すればこうした努力の成果をまったく台なしにすると、懸念いたすわけでございます」

意見交換会が終わったあと、新宮さんに話を聞けないかと、私は会場に残っていた。新宮さんは長崎県の担当者と親しげに話していた。会話が終わって新宮さんがエレベータに乗り込むとき、あいさつをして、以前もお会いしていたこと、そして改めてお話を聞けないかと、移動しながら話をした。新宮さんは、話をはぐらかすように世間話をしたあと、最後にこう言った。「今、俺がいろいろ話すわけにはいかんのだよ」。そう言い残して、去っていった。

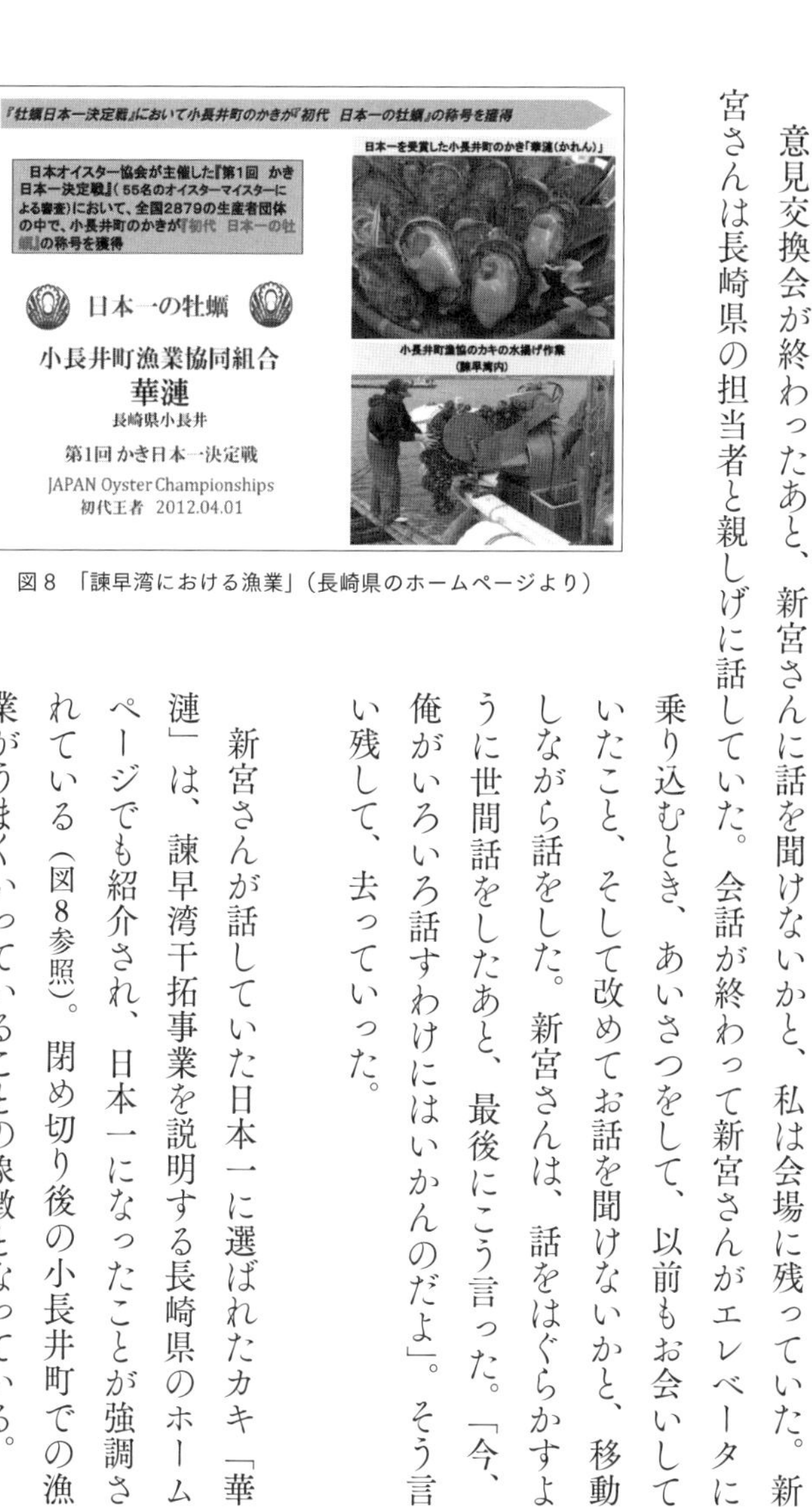

図８「諫早湾における漁業」（長崎県のホームページより）

新宮さんが話していた日本一に選ばれたカキ「華漣」は、諫早湾干拓事業を説明する長崎県のホームページでも紹介され、日本一になったことが強調されている（図8参照）。閉め切り後の小長井町での漁業がうまくいっていることの象徴となっている。

「初代　日本一の牡蠣」とうたわれる小長井町のブランド牡蠣「華漣」。しかし、この「第一回かき日本一決定戦」がおこなわれたのは二〇一二年だ。第二回以降がおこなわれた形跡はなく、今なお「華漣」が「日本一の牡蠣」になったことが宣伝され続けている。

主催した日本オイスター協会に問い合わせた。会長の佐藤言也（ともや）さんは、第二回以降がおこなわれていないことを認め、開催したかったがさまざまな事情でできなかったと話した。日本オイスター協会は任意の消費者団体であり、行政の支援は受けていないという。

佐藤さんはもともと、殻付きの牡蠣がもっと評価され、全国各地の自然環境が改善されることを願って、「かき日本一選手権」を始めた。しかし、第一回決定戦のあと、干潟など自然環境の保護を訴える発言をしていたところ、建設業関係と思われる〝怖い人〟から脅されたり、干拓反対の漁業者からも〝華漣の優勝はインチキだ〟と批判されたりして、次回を開催することがむずかしくなったという。結果的に、「華漣」は今なお、閉め切り後も諫早湾の漁業がうまくいっている〝象徴〟として、宣伝され続けている。

第5章　干拓の目的は果たされたか

1 「防災」効果は

国や県が主張する防災効果

諫早湾干拓の目的の一つとされている「防災」。「高潮被害の防止」「洪水被害の軽減」「排水不良の改善」の三つの機能をあげている（第3章参照）。国や県の資料やパンフレットには、一九五七（昭和三二）年の諫早大水害の写真が掲載され、諫早地域が地形などの条件から、これまでたびたび洪水や台風による高潮の被害を受けてきたことが強調されている（図1参照）。

諫早大水害は、急峻で長さが短い本明川に、想定以上の大雨が降り、川幅が足りずに川から水があふれ出たことが要因であった。そして、市の中心部の眼鏡橋などにたくさんの木々が詰まり、流れを堰き止めたことが被害を大きくした。旧諫早市内では、死者・行方不明者五三九人、床上・床下浸水三四〇九戸の被害があったと記録されている（国土交通省九州地方整備局 長崎河川国道事務所ホームページ）。

そうした被害を防ぐために、諫早湾干拓事業をおこなう意義が説明されている。農水省は、高潮対策の機能として、「大潮時に**伊勢湾台風級**の台風が最も危険なコースを通過しても干拓地及び周辺地域に影響を与えない潮受堤防の高さEL（標高）（＋）7・0mを確保します」としている。また、洪水対策としては、「**昭和32年の諫早大水害相当**の降雨があっても、高潮の影響を受けず貯水できる洪水調整容量約7900万m³を確保します」としていた（「生産性の高い農地の造成と地域の防災機能の強化」九州農政局諫早湾干拓事務所、太字は筆者）。

そして、実際に完成した諫早湾干拓の防災機能について、国や県はその効果を発揮していると強調している。長崎県の資料では、「諫早湾干拓事業の完成によって、高潮被害の防止に対する防災効果が発揮されている」とされ、「洪水の防止、常時の排水改善等に対する防災効果も発揮されており、地域住民の永年の

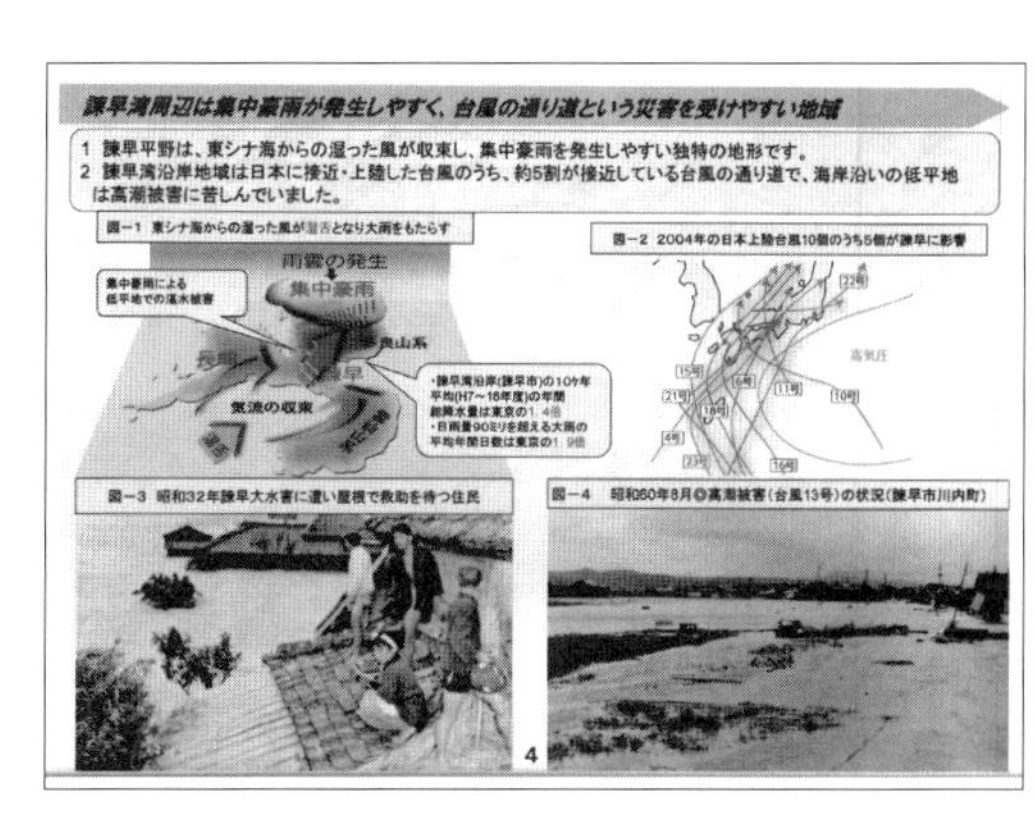

図1　左下に昭和32年の諫早大水害の写真
〔長崎県「国営諫早湾干拓事業について」（2019年）より〕

悲願であった台風や大雨に対する安全で安心な暮らしが獲得できている」とも記されている〔長崎県「国営諫早湾干拓事業について」(二〇一九年九月)〕。

国や県の説明では、伊勢湾台風級の台風が来ても、諫早大水害級の大雨が降っても、諫早湾干拓で防災できるような印象を受ける。

「諫早大水害のような市街地の水害に対する効果はない」という指摘

国や県が強調する防災機能を問い直すべきだという意見もある。有明海沿岸の漁業者や研究者、市民など約六〇〇人で作る「有明海漁民・市民ネットワーク」事務局長の菅波(すげなみ)完(たもつ)さんは、農水省の公開資料をもとに諫早湾干拓の防災機能を検証してきた。そして、「諫早湾干拓事業の『防災』機能は、高潮対策としては効果が認められるが、諫早大水害のような大雨に対する効果はまったく期待できず、住宅などの浸水被害が避けられないにもかかわらず、事業の効果が強調されすぎている」としたうえで、むしろ「低平地に強制排水のポンプを増設することの方が、地元の農業者や住民のためにも有効」だと指摘している。[32]

そして、農水省がおこなった、「開門調査」を実施した場合の洪水シミュレーション[33]を

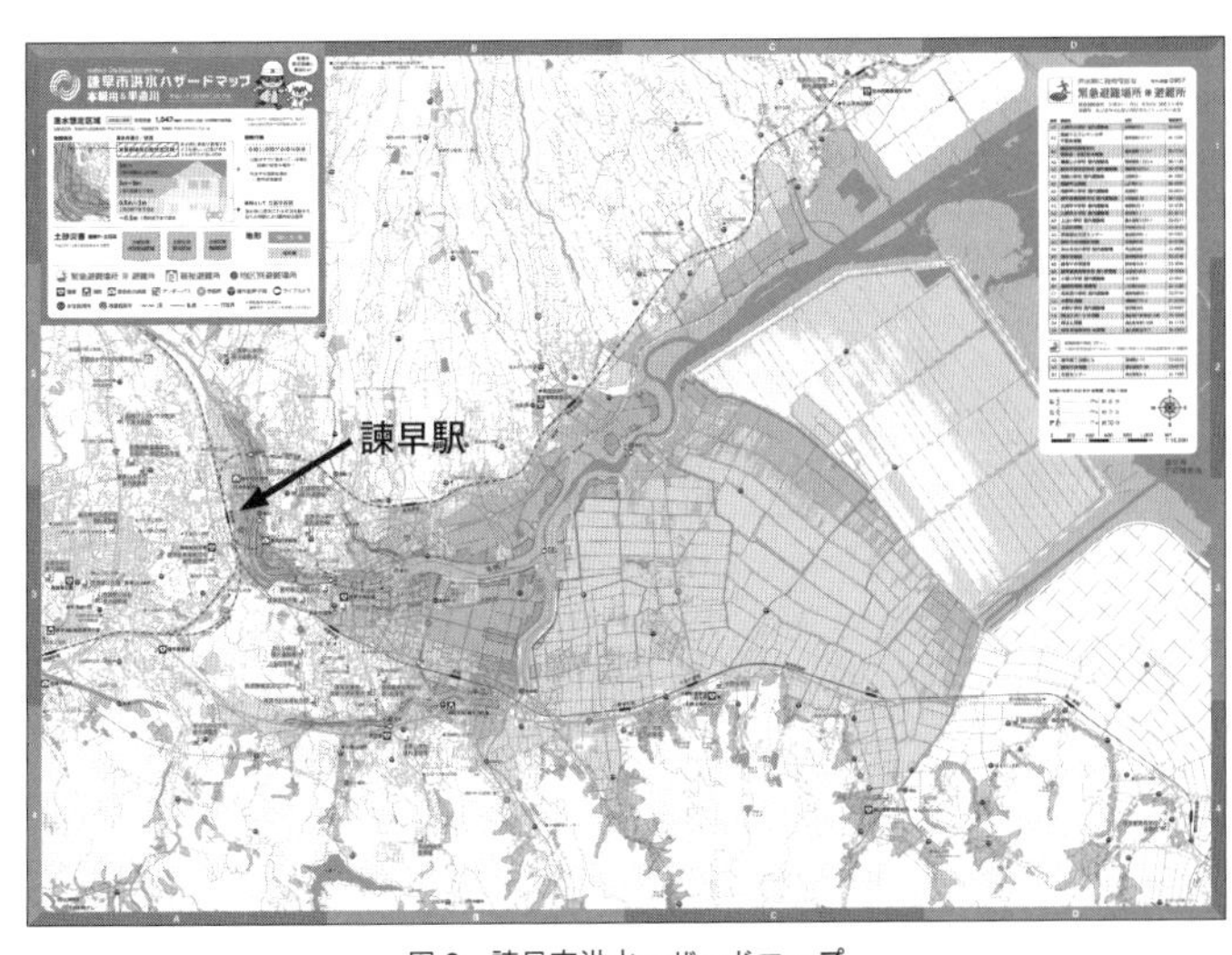

図２　諫早市洪水ハザードマップ
（太字は筆者加筆）

分析。諫早大水害と通常の大潮が重なり、調整池の水位を現状と同じマイナス一メートルに管理した場合、大雨が降れば降雨が調整池に流入して調整池の水位は、標高マイナス一メートルから標高＋二・〇一メートルに上昇。周辺低平地では、三メートル以上の浸水に見舞われることが示された、としている。

諫早市の洪水ハザードマップでも、「諫早大水害に匹敵する大雨時の想定（筆者注：想定雨量一〇四七ミリ、本明川流域二四時間の総雨量）として、諫早市内で三メートルから五メートル以上の浸水域が示されている（図２参照）。諫早湾干拓事業で造成された新干拓地でも〇・五メートル以上、それ以前の干拓による旧干拓地では三メートルを超える浸水の危険があることも示されている」と指摘する。

改めて、農水省の資料をよく読むと、伊勢湾台風級の台風が来ても「干拓地及び周辺地域に影響を与えない**潮受堤防の高さを確保**します」、諫早大水害相当の大雨が降っても「貯水できる**洪水調整容量を確保**します」という表現で、決して「防災できる」とは書かれていない（太字は筆者）。

防災効果の実状

諫早湾が閉め切られた二年後の一九九九（平成一一）年、諫早地方は大雨に相次いで見舞われた。六月の大雨後に、潮受堤防の効果が発揮されたという住民たちが長崎県庁を訪れた。

「諫早湾干拓推進住民協議会の代表八人は（筆者注：一九九九年七月）二十一日、県庁を訪れ、六月末の大雨時に潮受け堤防の防災効果が発揮されたとして、感謝と干拓事業促進を要望した。〈中略〉要望書は、大雨時は大潮満潮時間帯と重なっており、潮受け堤防

によって水位が低く保たれなかったら、建物浸水や農作物被害が想定されたとしている」（「朝日新聞」一九九九年七月二三日付）

この記事が掲載された七月二三日、諫早地方は再度、豪雨に襲われた。一時間で最大雨量一〇一ミリの激しい雨が降り、諫早市内全域に避難勧告が出された。一日の総雨量は三四二ミリメートルに及び、死者一人、家屋の床上床下浸水あわせて七〇〇棟以上という被害が出た。農地の冠水は四三五ヘクタールなど、被害総額は約二二億七〇〇〇万円に及んだ。

「市内の幹線道路はあちこちで冠水して立ち往生する車が相次ぎ、車の流れが完全に滞った。エンジンまで水につかって動かなくなり、車を路上に置いたまま逃げ出す女性もいた。さらに、市役所に近い本町商店街や栄町商店街のほとんどの店が午前中はシャッターを下ろして閉店」した。（「毎日新聞」一九九九年七月二四日付）

そして同記事は、諫早湾干拓に対する市民の声を紹介している。六〇代の商店主は「防災効果があったかどうかは分からない」と言い、五〇代の男性は「市街地で諫干（筆者注・

諫早湾干拓）の防災効果がないことがはっきりした」と語った。

これに対し長崎県は、湛水が発生はしたが同日中にほぼ解消したとし、一九八二（昭和五七）年七月の豪雨（最大時間雨量九九ミリメートル、総雨量四九二ミリメートル）の際に四〜五日間湛水したことと比べると、諫早湾干拓によって洪水被害は軽減されたとしている。また、高潮に関しても、一九九九（平成一一）年九月に台風一八号に襲われたとき、最高潮位はプラス三・二二メートルに達したが、今回は高さ七メートルの潮受堤防によって高潮被害を防ぎ、防災効果を発揮したとしている。〔長崎県「国営諫早湾干拓事業について」（二〇一九年）などにより〕

諫早湾干拓で洪水被害は防げるのか。国土交通省九州地方整備局と長崎県が、湾を閉め切って八年後の二〇〇五（平成一七）年に出した「本明川水系河川整備計画」では以下のように記されている。

「諫早大水害等の過去の水害で被害の大きかった区間を中心に〈中略〉河川改修を実施しており市街地部など整備が必要な区間においては、ほとんどの河川において県内他河

川の整備水準と同程度の治水安全度を確保しています。〈中略〉

しかしながら、現在の河道整備の状況では〈中略〉戦後最大洪水の昭和三二年七月洪水（筆者注：諫早大水害）に対しては、市街地区域を含んだほぼ全川にわたり計画高水位[34]を大きく上回ります。このような状況で、昭和三二年七月と同規模の洪水が発生すると、図3（筆者注：図の番号を筆者が変更）に示すとおり、面積約一五二〇ヘクタール、人口約一三八〇〇人が浸水被害を受けることが想定されます」

（国土交通省九州地方整備局　長崎県「本明川水系河川整備計画」一五～一七頁、二〇〇五年）

そして、図の説明にはこう書かれている。

「現況の河道において、昭和32年7月実績洪水が発生した場合に、本明川流域

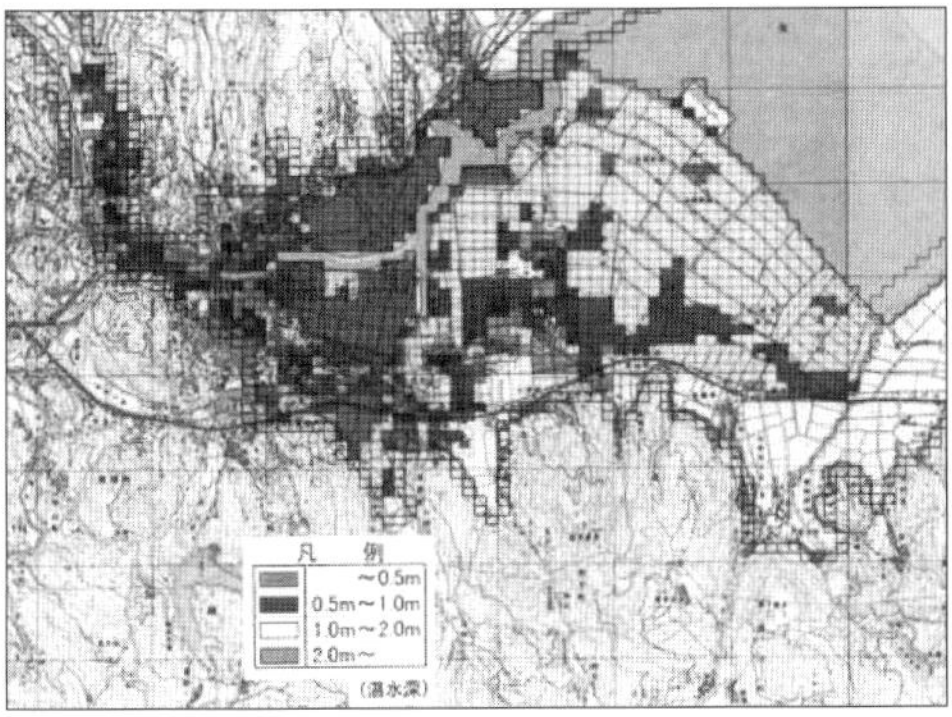

※地図の出典は国土地理院発行の2万5000分の1地形図

図3　現況河道における氾濫シミュレーション図
（昭和32年7月実績洪水）
〔国土交通省九州地方整備局　長崎県「本明川水系河川整備計画」（2005年3月）より〕

で、どの地区がどのような氾濫水深となるかをシミュレーションしたものです。この結果、広範囲で氾濫が生じることがわかります」

なお、二〇一六（平成二八）年に改訂された「本明川水系河川整備計画（変更）」（国土交通省九州地方整備局　長崎県）では、前記の記述や図はなくなっている。そして、同報告書の記述は以下のように変わっている。

「また、本明川河口部では諫早湾干拓事業が行われており、平成一一年（筆者注：一九九九年）三月の潮受堤防の完成によって高潮等による災害の発生が軽減されています」（国土交通省九州地方整備局　長崎県「本明川水系河川整備計画（変更）」一四頁、二〇一六年）

「本明川において、施設の能力を大幅に上回る極めて大規模な洪水が発生した場合には、拡散型の氾濫形態となる諫早市街地において、広範囲な地域で二・〇m以上の浸水が発生する恐れがあります」（同前、二六頁）

いずれにしても、湾が閉めきられて諫早湾干拓の防災機能が働き始めたあとも、諫早大水害のような大雨が降った場合、諫早市内は大きな浸水被害が起きることが想定されている。諫早湾干拓の防災機能が発揮されたとしても、洪水を防ぐことはできないからだ。

事実、国土交通省は「洪水調節」と「流水の正常な機能の維持」を目的に、本明川の上流部で「本明川ダム」の建設計画を進めている。国土交通省九州地方整備局長崎河川国道事務所ホームページには、「よくある質問」とその答えが載っている。その中に「河川整備と諫早湾干拓事業の防災効果は同じではないですか?」という質問があり、以下のような答えが図とともに書かれている(図4参照)。

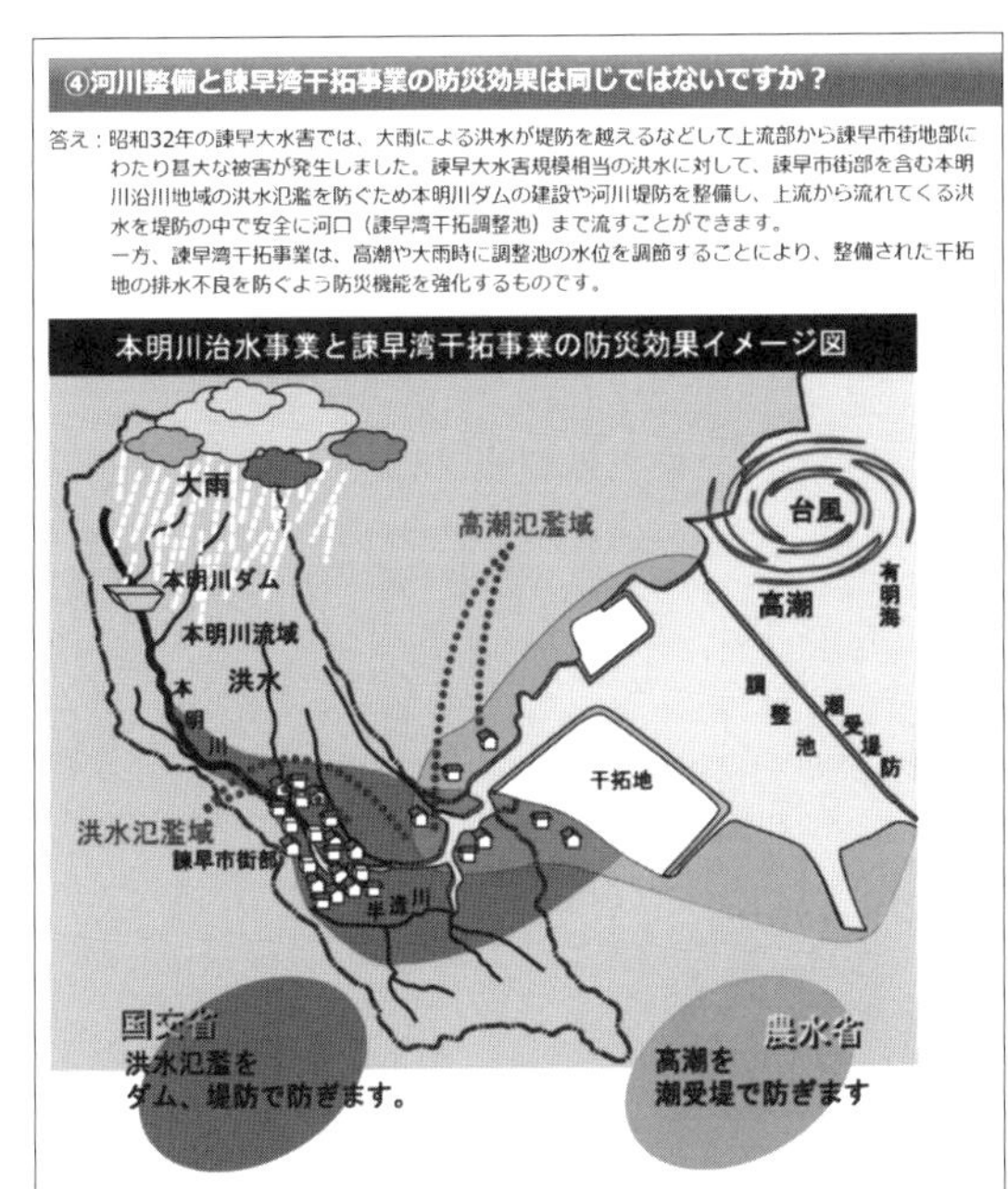

④河川整備と諫早湾干拓事業の防災効果は同じではないですか?

答え:昭和32年の諫早大水害では、大雨による洪水が堤防を越えるなどして上流部から諫早市街地部にわたり甚大な被害が発生しました。諫早大水害規模相当の洪水に対して、諫早市街部を含む本明川沿川地域の洪水氾濫を防ぐため本明川ダムの建設や河川堤防を整備し、上流から流れてくる洪水を堤防の中で安全に河口(諫早湾干拓調整池)まで流すことができます。
一方、諫早湾干拓事業は、高潮や大雨時に調整池の水位を調節することにより、整備された干拓地の排水不良を防ぐよう防災機能を強化するものです。

図4 国土交通省 九州地方整備局 長崎河川国道事務所ホームページより

「昭和三二年の諫早大水害では、大雨による洪水が堤防を越えるなどして上流部から諫早市街地部にわたり甚大な被害が発生しました。諫早大水害規模相当の洪水に対して、諫早市街部を含む本明川沿川地域の洪水氾濫を防ぐため本明川ダムの建設や河川堤防を整備する。一方、諫早湾干拓事業は、高潮や大雨時に調整池の水位を調節することにより、整備された干拓地の排水不良を防ぐよう防災機能を強化するものです」

そして、防災効果のイメージ図には「国交省　洪水氾濫をダム、堤防で防ぎます」「農水省　高潮を潮受堤防で防ぎます」とある。地図上も諫早湾干拓の防災効果は「高潮」に対するものであり、洪水や氾濫に対しては、諫早大水害で大きな被害を受けた市街地にはその効果は及ばないことが示されているのである。

2 干拓農地は「優良農地」か

大規模な農地でおこなわれている環境保全型農業

諫早湾干拓地では、一区画六ヘクタールないし三ヘクタールの平坦で大規模な約六七〇ヘクタールの農地において、減化学肥料・減農薬などの「環境に優しい」環境保全型農業がおこなわれている。干拓地の土地は、公益財団法人「長崎県農業振興公社」(以下、振興公社)が所有し、営農者に貸し出す「リース方式」。振興会社は、農地と入植者用の宅地など計約六八〇ヘクタールの土地を国から約五一億円で購入。入植者と「五年更新のリース契約」を結び、土地を貸し出すかたちだ。

日本で初めての「干拓農地のリース方式」導入の目的を、長崎県はこう説明する。「環境保全型農業を一体的に進めていく」、「農地の細分化、分散化を防止する」、「農業者の初期投資を軽減する」。つまり、入植する際、土地は購入しなくて済み、初期投資を少なくすることで、入植しやすいように促す。また、土地を購入するかたちだと、購入者が農地を売却すれば、広い農地が細分化してしまったり、所有地がまとまらずにバラバラになったりする可能性があるが、それを防ぐ。そして、国や県が推し進めようとしている減化学肥料・減農薬の「環境保全型農業」に取り組まない営農者がいた場合は、契約を解除して出ていってもらうことも可能とする。

振興公社は、土地購入の五一億円を、日本政策金融公庫と全国土地改良事業団体連合会、そして県から借り入れた。農地（六七二ヘクタール）分の約四七億円の返済期間は二〇七八年までの七〇年間。振興公社はリース料から事務経費と緊急時の積立金を除いた全額を返済に充てる。入植者は、公社と五年間のリース契約を結ぶ。営農が始まった二〇〇八年当初は、一〇アールあたり年平均一万五〇〇〇円、二〇一三年からは年平均二万円に引き上げられ貸し出されているが、営農が始まった当初から滞納が発生している（「読売新聞」二〇一二年九月五日付より）。

仮に、六ヘクタールの一区画を借りる場合、年一二〇万円のリース料（一〇アールあたり年二万円の場合）がかかる。それに加え、灌漑用水の使用料や排水路、揚水機場などの維持管理費として、入植した営農者で作る組合「土地改良区」に四二万円（一〇アールあたり年七〇〇〇円）支払わなければならない。合計で年間一六二万円の支払いが必要となる。一経営体あたりの平均の農地面積一九・二ヘクタールだと、リース料と土地改良区への維持管理費あわせて、年五一八万四〇〇〇円を支払っていかなければならない。

二〇一九（令和元）年一一月時点の栽培状況は、露地野菜としては、タマネギ（栽培面積一一一・六ヘクタール）、レタス（一〇四・〇ヘクタール）、キャベツ（六九・二ヘクタール）、ブロッコリー（四九・六ヘクタール）、ニンジン（四〇・六ヘクタール）など。飼料作物は、ひえ（九〇・四ヘクタール）、イタリアングラス（七〇・四ヘクタール）など。その他、麦（一三〇ヘクタール）、大豆（四〇・七ヘクタール）、栽培した植物を土壌に入れて耕し肥料にする緑肥（一四七・四ヘクタール）。施設園芸ではミニトマト（一九・四ヘクタール）、簡易ハウスでレタス（三五・五ヘクタール）などとなっている（長崎県農業振興公社・資料より）。

農地不良を訴える──マツオファーム・松尾公春さん

干拓地の営農者は、一致団結して、水門の開門に反対しているという印象が強いが、営農者の中からも干拓農地の不良と水門の開門を訴える人が現れた。

松尾公春（きみはる）さんは、諫早湾干拓地から三〇キロメートルほど離れた、近隣の島原市から入植した。水産物の加工販売と農産物の生産・販売をしていたが、会社のすぐ前に長崎県の農業改良普及センターがあり、誘われて入植することになったという。干拓地では、三〇ヘクタールの畑で、大根やレタスなどを栽培。ハウスはなく、すべて露地栽培している。松尾さんは、七~八年前から、毎年冬、カモが夜中に畑に来て、食べ荒らすようになったと言う。松尾さんに、大根の葉がカモに食べられたという畑を案内してもらった（写真1）。

「このへんが食われとってね。あっち（食われていない畑）が当たり前だから。全然違うでしょ、サイズが」。

「葉っぱが食われてしまってなくなっとった。カモが大群で来て食べてしまってね。葉っぱが食われてしまって、通常であれば、向こうみたいに大きくなっとるけん、ここと向こうと比べてもらえば」（松尾さん、以下同）

写真1　大根畑を案内する松尾公春さん

――どれぐらい食べられた感じですか？

「一ヘクタールぐらいかな。一・五ヘクタールぐらいかな。わかるやろ、色で。これはカモが来たときにセンサーで感じて、そういう音を出すようにしとるけど、全然効果ない」

松尾さんの話では、カモは深夜、畑に誰もいないときに、多いときには何百羽も来て、端から端まで順番にきれいに食べるという。ひどいときには、一晩のうちに、一ヘクタール以上の野菜を食べられた（写真2－1、2－2参照）。畑には、カモ除け用の猛きん類のかたちを模した凧や、近づいたら音が出る装置を設置したりしているが、効果は一時的で、カモはすぐに慣れて、また来てしまうという。

「とにかく、作物食べてしまうからさ。またやられたなっていう感じだよね。追っ払ってもすぐまた来るしね、どうしようもない」

――これはどういうことなんですかね？

「カモが渡り鳥で渡ってきて、調整池にたくさんおるでしょ。調整池、海に餌がないからこの畑に来て食べよると思うけど。カモに聞いてみなわからん」

――どうなんですか？　食べられるっていうのは

写真 2-1　　写真 2-2

カモの食害にあったという大根畑と大根（2020 年 12 月　撮影：松尾公春）

「収入がなくなるけんね、それだけ被害があったら。だから、みんなが被害ありよるから、あんなふうにマルチ（畑の畝を覆うためのビニールシート）を、こういうマルチを旗にして（カモが来ないように）いっぱい立てとるじゃないの」

――これまでどれぐらい被害があったんですか？

「ここで今、わからんけど、かなり被害あるよ。毎年毎年やけんね」

カモは、夜中、人がいないときに来て、昼間、目に見えるかたちで作物が食べられるわけではないので、信じてくれない人もいるとのことだった。実際、カモがどのように来て、食べているのか。夜中に松尾さんの畑に行ってみることにした。

すると確かにカモの群れが来ていた（写真3参照）。しかし、私たちが近づくとすぐに飛んでいってしまった。カモは神経質で、人が近づくとすぐに逃げてしまう。そこで、松尾さんの畑に、暗いところでも写る赤外線カメラを設置することにした。夕方、カメラをセッティングし、翌朝、確認しにいくということを数回繰り返した。そして、大根の葉を食べるカモの姿を撮影することができた（写真4参照）。

環境省のまとめでは、諫早湾におよそ五万羽のカモ類が飛来してきている（写真5参照）。

干潟があったときは、干潟に生息する生き物などを餌として食べていたが、干拓事業で干潟がなくなったことで食べ物を得られなくなった鳥たちが餌を求めて、畑に来ている可能性があると指摘されている。

カモの食害は、周辺の農地でも確認されている。

写真3　深夜、松尾さんの畑にカモが来ていた

写真4　松尾さんの畑で深夜、大根の葉を食べるカモ（赤外線カメラで撮影）

「国営諫早湾干拓事業でできた調整池周辺の営農地で、飛来したカモに野菜の芽などを食べられる食害が深刻化している。カモによる農作物被害は諫早市だけで年間三〇〇〇万円超に上り、ここ数年は隣接する雲仙市にも被害が拡大。農家からは苦情が相次いでおり、両市は対策に苦慮している」（「毎日新聞」二〇二二年二月一〇日付）

写真５　調整池のカモ

さらに、有明海の養殖ノリにもカモの食害が広がっている。

「有明海特産の養殖ノリが、冬季に飛来するカモに食べられる被害が広がっている。沿岸四県のうち福岡、佐賀、熊本では被害の確認や報告があり、漁業者による対策もまだ限定的だ。そうした中、行政も光や音を使った被害防止のための実験を始めるなど対策に乗り出した。福岡県によると、二〇一八年度はカモ食害で約一九〇〇万円の損害が出た」

（「西日本新聞」二〇二一年二月一九日付）

そして、松尾さんは、予期していなかった、寒

写真 6-2

写真 6-1

寒害の被害にあったというレタス（撮影：松尾公春）

さによる被害にもあっているという（写真6－1、6－2参照）。干拓地は冬、周辺地域と比べても極端に寒く、氷点下になることもあるという。

――寒いとどうなるんですか？

「やっぱ、レタスが凍り付いてできなかったりとか、成長が遅かったりとか、凍って腐ったりとか」

――凍って腐る？

「うん。そうそう」

――どれぐらい寒くなるんですか？

「ここは氷点下になるとやないか、寒いときはね」

――氷点下ですか？

「うん。今も寒いでしょ、ここは」

――確かに寒いですよね

「そうそう。ほかの海べたの畑とすれば、すごく寒いですね。島原と比べれば、四〜五度は低いよね。とにかく寒い、ここは。だから作る作物が限られてくるんですよね。だから、当初のみんなの計画とはどんどんどんどん変わってきたんじゃないですか」

――夏はどうですか？

「夏は暑いよね、逆にね。うん。どこも暑くなってきとるけど、ここはやっぱり、よけい暑いね。夏の作物はなかなかむずかしい。できないよね。もともとこっちはね、九州は、長崎は、夏はあんまりできないけど、よけい暑いね。

野菜は作らないよ、夏は。うちはカシスを作るけどね、夏場の野菜は。ほかはみんな牧草を作ってやってる」

――野菜はあまり作らないんですか？

「うん、できないよね。夏場はね」

――できない？

「うん、そうそう。できない」

松尾さんは、水門を開門すれば、調整池に、冬場は淡水と比べて水温が高い海水が入り、寒さが緩和されるのではないかと考えている。そして二〇一八（平成三〇）年一月、国と長崎県、長崎県農業振興公社を相手に、訴えを起こした。寒さによる被害やカモの食害に対する損害賠償。そして、環境を改善するために、農業用水の水源をほかに確保したうえで、水門の開門を求めている。

「この農業環境をよくするには、開け方を考えて（開門）すれば、この環境も変わる。鳥（カモ）の問題にしても温度の問題にしても。門があるわけだから、開けたり閉めたりできるわけやから、それは可能だと思うね。なんでかたくなに開けないっていうだけでやってるのか。被害があれば閉めていいしね。それはやってみていいんじゃないかと思うんですけどね。

裁判でも開門調査っていうことがあったわけですから。調査するわけですから、ずっと開けとけっていうことじゃないでしょうから、調査のための開門というのはやってみて、農家もマイナスになればやめていいし、プラスになれば、そういうことをやってみていいんじゃないかと思いますね。なんでやらないかっていうのは、おかしいなと思いますね。

われわれも最初は、（水門を）開ければ農業ができなくなるっていうことを言われとったんで、そういう思いやったんですけど、よくよくわれわれ農業してみると、開けないで潮水が（調整池に）入ってこないっていうのが、逆にわれわれの農業を厳しくしてる理由かなと思います」

現在、国や県は、開門した場合、調整池以外の水源を確保する方法について、本明川の河川水の利用や下水道処理水の利用などを検討したが、困難だとしている。しかし、二〇一〇（平成二二）年に「開門」を命じる判決の確定後、農水省が開門の準備を進めていたときは、「海水淡水化施設」を六カ所、「ため池」を三カ所設置することで農業用水を確保し、「営農は今までどおり行えます」としていた（第4章2参照）。

また、営農者側が「開門差し止め」を求め、二〇一九（令和元）年に「非開門」が確定した判決では、開門すれば「農業用水が使えなくなる」と営農者側が訴えた。だが、国は「海水淡水化施設」で対応するとし、〝七〇〇人が働いている〟「新干拓地」では、それで問題ないとした。ただし、「旧干拓地」の三九人が「海水淡水化施設」の供給が予定されておらず、他にも五人が塩害の恐れがあるとされた。判決は、「開門差し止め」だったが、逆にいえば、この判決はあわせて四四人への対策などがきちんとできれば、開門できるということも意味する。

今、干拓農地を所有する長崎県農業振興公社は、提出書類の不備などを理由に、松尾さんとのリース契約を更新せず、農地の明け渡しを求めて提訴している。

写真7　干拓地を訪ねる荒木さんと看板

営農に失敗し撤退した――荒木隆太郎さん

諫早湾干拓地に車で入っていくと、広大な農地が広がる中に、やがて柱状の大きな看板が立っているのが見えてくる。近づいてよく見ると、色はあせ、ところどころ塗装が剝がれ落ちている。六～七メートルほどの高さのいちばん上には、かごに盛り付けられた野菜の模型が乗っていて、その下に「匠（たくみ）集団おおぞら」の文字。かつて、入植していた営農者が立てた看板だ。

諫早湾干拓地に当初入植した農家や法人、四一経営体のうち、およそ三分の一にあたる一三の農家や法人が撤退している。

荒木隆太郎さんは、干拓地に入植したが、営農に失敗、撤退を余儀なくされた一人。荒木さんと一緒に、干拓地のかつて荒木さんが営農していた農地を訪れた（写真7）。

――これが当時の看板ですか？

「そうですね、これ（看板）が。もうずいぶんと剝げてしまってるね」（荒木さん、以下同）

――看板は作られたんですか？

「そう。看板は、華々しく作ってみたけど。まあ、なんていうかね、張り切ってたから。看板でもちゃんと立ててやろうということでやり始めた。張り切ってたんです。ここで、ひとつがんばっていこうかということでね」

――始めたとき、どんな気持ちだったんですか？

「始めたときは、今よりも一〇年ぐらい前だから、もう少し若かったから、ちょっと、ここ（諫早湾干拓地）は集約的にやれそうだということでね。今やってるところが、（農地が点在していて）一〇キロメートルぐらい離れたところ（畑）を行ったり来たりしてロスが多いんで、ここはまとめてやれるというふうに思って期待をしておったんだけど」

荒木さんは、二〇〇八（平成二〇）年四月、干拓地ができるとすぐに入植した。もともと諫早市から車で約一時間、四〇キロメートルほど離れた長崎県南島原市で、農業生産法人の有限会社「匠集団おおぞら」の代表として、従業員やパート約四〇人を抱え、トマトやピーマンなどを生産していた。売上高は五億円。しかし、あわせて六ヘクタールの農地はバラバラに点在し、作業するのに効率が悪かった。

そこで、広大な諫早湾干拓地に入植することを決意した。干拓地では六区画、三四ヘクタールの広大な農地を借り、推奨されていたジャガイモやタマネギなどを作り始めた。諫早湾干拓は「優良農地」といわれていたが、実際に営農を始めてみると、今まで南島原で営農していた農地とはずいぶん違っていた。水はけが極端に悪く、ジャガイモを大量に腐らせるなど、大幅な赤字に陥ったという（写真8－1、8－2参照）。

荒木さんは、大型機械や農業用ハウス、貯蔵用の倉庫など、約三億円かけて、干拓農地に設備投資をした。干拓地は、営農者が土地を所有する振興公社に賃貸料を払って農地を借りる「リース方式」で、五年ごとに契約を更新することになっている。結局、荒木さん

写真 8-1　　写真 8-2

干拓地で廃棄されたジャガイモ（撮影：時津良治）

は農地の賃貸料を払えなくなり、五年で契約を打ち切られた（写真9参照）。

——実際、干拓農地に入植してどうだったんですか？

「夢は膨らませて入ってみたけども、最初は雑草が生い茂って、なかなか草対策が大変で、うまくいかなかった。人がいっぱいおると草取りもできるんだろうけども、（干拓地は環境保全型農業で）除草剤を使わなかったから、草でやられてしまったというか、（そういう面が）ありましたね。

普通に畑だからということで、どこにでもある畑のようにうまくやれると思ってたら、ここは干し上げ干拓というか、そういう感じなので、湿気が多くて、土もの、根もの（野菜）がうまく採れなかったというかね。葉もの（野菜）もそうだけども、湿気が多いところは育ちが悪くて全然成長しないというかね。試行錯誤というか、何を作ろうかというううちに五年が過ぎていったということで、結局は失敗したということになってしまうんだけどね」

写真9　かつて設備投資した干拓地のハウスの前で話す荒木さん

——ここの土や土壌はどんな感じなんですか？

「土は、（もともと海で）潮がずっとあったというか、ミネラルいっぱいのいい土とは思うんだけども、排水が悪いというか。大雨が降ると水が、引きが悪くてね。（畑から）水路までいくのに長さがあるもんだから引かない。水路自体も狭いんじゃないかなというふうに感じたんだけど。それから、向こうの（排水）ポンプで強制的に出してる、そこまでも距離があるもんだから、なかなかこのへんの水は引いていかないというかね」

――排水が悪いとどうなるんですか？

「引かないから、（水が）溜まるというか。天気のいい日も、冬場になるとなかなか引いてくれないというかね。最近はずいぶん改良したのか、作物もうまく育ちよるね。一〇年前はそんなに育たなかったし、雑草も減ってるみたいだから、今はよさそうだけども、当時は全然（育たなかった）。たとえば根ものなんかは、冬場の秋バレイショ（ジャガイモ）なんかは、大型機械では掘れないというか、そんな状況だった」

――掘れないというのは？

「（土が）乾かないもんだから、土と一緒になって、ジャガイモが出てこない。だから、なかなか収穫ができない土壌だよね。今、ジャガイモは、作ってる人はほとんどいなくなったみたい」

――五年という期間は、どうだったんですか？

「五年はね、試行錯誤っていうか、何を植えたらいいかで終わってしまったというかね。五年経ったあと、いろんな地上作物にここも変わってきたけども、（当初）ジャガイモも植える人はおったけども、（今は）ほとんど、誰もいないということになってしまった。五年で出ていくっていうふうに思ってなかったもんだから。五年で出ていくっていうことであれば造らないですよ、一億円もかけて倉庫をね」

荒木さんは今、故郷の南島原市に戻り、細々と農業を続ける。毎朝三時に起きて、一人で小松菜の収穫をしている。多額の借金を背負い、干拓地に入植する前に持っていた農地も差し押さえられた。ようやく買い戻した畑で農業を続け、少しずつ返済している。

妻とも離婚。五人の子どもたちとも離れ、今は一人暮らし。一人になって初めて料理をするようになったという荒木さん。この日、慣れない手つきで卵焼きを焼いていた。朝食は、ご飯にみそ汁、不格好な卵焼きと冷や奴だった（写真10－1、10－2）。

「一人で食べると、ほんとにうまくないの。ふふふふふ。前はね、うちは大家族だった

写真 10-1　荒木さんは今、家族と離れ1人暮らし

写真 10-2　部屋には家族写真が飾ってあった

んだよ。七～八人いたんじゃないのかね。まあ両親も、うちは親もいるときもね。親二人。子どももいっぱいいたから。子どもは五人おって。まあ、だんだん大きいのは出ていくから、減るけどね」

――じゃあ、ご飯はみんなで食べてたわけですか？

「うん。だから、いっぱい作らんといかんので、大変だったろうね。ははは、母さん（妻）は。

子どもが多いもんだから、カレーとか作ったときとかは、ご飯も足りなくなるというか。ははは」

――一人になってどれくらいになりますか？

「どれぐらいかな。全然慣れない。料理もこう、覚えようと思わないから、全然上手にならんね。ついつい、なんていうか、酒のつまみだけっていう感じ。買い物も、お刺身くらいしか買ってこないもんね。

まあ、夢を膨らませて諫早に行った関係で、家族も何かね、

ばらばらになってしまったというのは、ちょっと思いは残りますがね……。負債も四億ぐらいになっとったと思うんでね。四億ぐらいすぐに『はい』っていうふうに決着、それができるようであればね、滞納も起きないわけなんで。自分が進めてきた道だから何とか解決していこうということで、七〇(歳)になってもまだ(農業を)やっとるという感じですね」

二〇一九年九月、荒木さんは、同じように干拓農地から撤退した農家と共に、排水不良や雑草被害など農地の不良を訴え、国と長崎県、振興公社に対して損害賠償を求めて提訴した。県などが「優良農地であるかのような誇大宣伝」したことも訴えていて、現在も審理が続いている。

問題点は指摘されていた——土壌や気温、強風の問題

諫早湾干拓農地に関する問題点は、早くから指摘されていた。一九九九(平成一一)年六月、干拓農地でどのような農業を進めるのかを検討するために長崎県が設置した「諫早湾干拓営農構想検討委員会」(委員長:上野広志・JA長崎中央会長(当時))の第二回会合が開かれた。

県は営農作目に関する八つのモデルを提示し、その中で最大の土地配分が予定されていた露地野菜の筆頭がバレイショ（ジャガイモ）だった。

県が最も推奨する作目として挙げたバレイショに対して、地元のＪＡ諫早の組合長が疑問を呈した。「干拓地でバレイショは無理だ。こんな営農計画では農業は成り立たない」。さらに「干拓地でバレイショができないわけではない。だが、できるということと売れるということは別」と述べ、その理由として「土が違う」と指摘した。諫早湾周辺地域では、バレイショの生産が盛んだが、県内一の産地である島原半島でも収量・品質維持のため、定期的に客土を繰り返しているという。そのうえで「潟土の干拓地で客土もせずに、いきなりバレイショを、というのは不可能な話」と指摘した。確かに、広大な干拓地で農家の自己負担で客土することは、現実的にはむずかしい。

七カ月後の二〇〇〇年一月に開かれた第四回会合で、同組合長は「安値でも安定供給できる体制の確立で活路を開く、という考え方に軌道修正する。もう反対はしない」と述べ、論争に自ら幕を引いた（「長崎新聞」二〇〇〇年二月七日付より）。

結局、「諫早湾干拓事業の営農計画」では、「ばれいしょを中心とする『土地利用型大規模野菜経営』の導入」を目指すとされ、バレイショ栽培が推奨された。営農が始まった当初、多くの干拓農地でバレイショの作付けがおこなわれたが、水はけが悪くうまく育たないなどの理由で作付面積は徐々に減り、現在ではわずか三・一ヘクタールしか生産されていない（二〇一九年一一月現在）。

また、二〇〇八（平成二〇）年に出された「長崎県総合農林試験場研究報告（農業部門）第34号」では、干拓地の気温がかなり低くなることが報告されている。そして、報告書では二〇〇二年から二〇〇六年まで、諫早湾中央干拓地（図5参照）と県内の長崎市、佐世保市、島原市三地点の観測データと比較している。[35]

「最低気温は、年間を通して中央干拓地が低く、〈中略〉他の地点の年間最低が約3℃なのに対し、中央干拓地はマイナス1・3℃まで下がった。秋から冬にかけては低温で推移し、10月下旬から2月下旬までは、標高677・5mの雲仙岳（の観測地点）（筆者注：長崎県の観測地点の中でいちばん標高が高い場所にある）に近い推移を示した。県内三地点と比較した中央干拓地の気温は、〈中略〉夏はより暑く、冬はより寒い傾向であった」

干拓農地の寒さの問題については、干拓地での営農が始まる直前の二〇〇八年三月に長崎県が発行した「諫早湾干拓営農技術対策の指針」（以下、「指針」）でも以下のように報告されている。

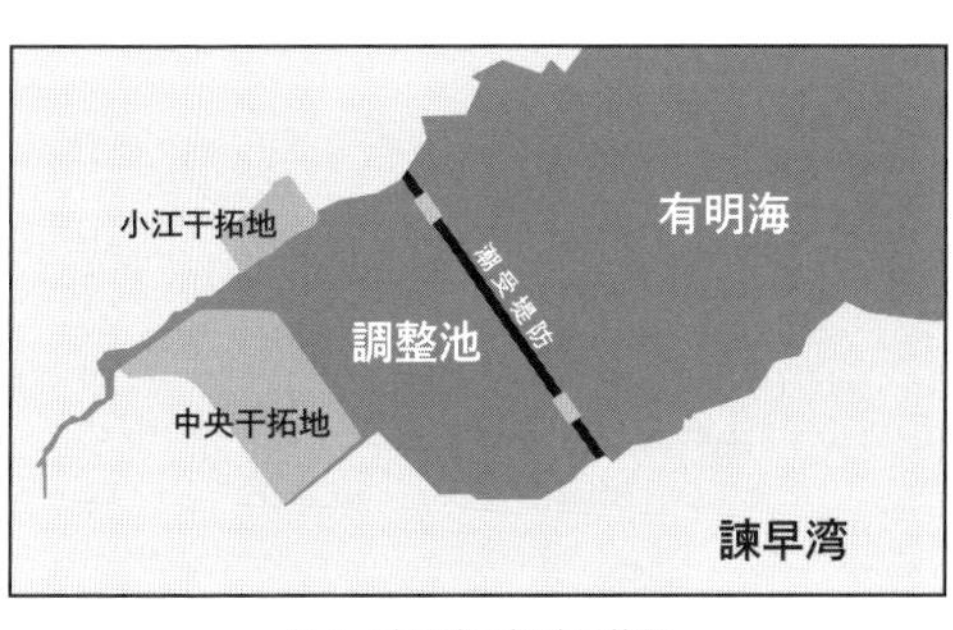

図５　諫早湾干拓地の位置

「それまで潮の干満による海洋性の気候であった地域が、現在は極めて寒暖差の大きい内陸性の気候へと変化している。〈中略〉１～２月の厳寒期は長崎海洋気象台（筆者注：二〇一三年一〇月より長崎地方気象台と改称）の平均値と比較しマイナス３・５～マイナス４℃前後低い状況である。また、12～２月の極最低気温はマイナス５℃以下を記録し、冬日（最低気温が０℃未満の日）の発現率は43・３％であり、約２日に１日の頻度で０℃未満となる」

そして、「指針」では強風についても言及されている。

「野菜類に対し経営被害の起こり始める風速は７～８

m／秒と言われているが、干拓地では北西〜北東方向から、12月〜4月までは最大瞬間風速10mを超える風が月10日以上を記録している。また、冬期の季節風は低温の風を運ぶので、寒さによる生育への影響が懸念される。〈中略〉

春3〜4月は瞬間最大風速20m／秒を越える（筆者注：原文ママ）風が約10日に1回の割合で発生している。〔以上、長崎県「諫早湾干拓営農技術対策の指針」（二〇〇八年三月）より〕

さらに、同じく長崎県が二〇一一（平成二三）年三月に発行した「諫早湾干拓地における大規模環境保全型農業技術対策の手引き」（以下、「手引き」）では、干拓農地の土壌の問題が示されている。一つは、土壌の水素イオン濃度（水素イオン指数、pH）。pHが七より小さいときは酸性、七より大きいときはアルカリ性、七付近のときは中性である。土壌分析の結果、干拓農地ではpHの値が高いという。「野菜畑、飼料畑での至適（筆者注：最適な）pHを6・0〜6・5の範囲とすると、中央干拓地では22％（前年11％）、小江干拓地（図5参照）では20％（前年11％）であり」、「依然としてpHが7・0以上と高い圃場は中央干拓地で26％、小江干拓地で51％存在」していた。「手引き」は、「確実に土壌改良が進み、熟畑化している」ことを強調しているが、営農が始まって三年の時点で、pHが適した農地は二割ほどしかないということになる〔以上、長崎県「諫早湾干拓地における大規模環境保全型農業技術対策の手引き」（二〇一一年三月）より〕。

諫早市在住の横林和徳さんは元諫早農業高校教諭で、長年地元で学生たちに農業を教え、指導してきた。現在はブルーベリー観光農園を営むかたわら、二〇一六（平成二八）年から「諫早湾干拓問題の話し合いの場を求める会」を作り、活動している。地域住民が分断された今の状況を何とかしたいと、住民へのアンケート調査をおこなったり、話し合いを呼びかけたりしている。

横林さんは、この長崎県が発行した諫早湾干拓地での営農に関する「指針」と「手引き」を見て、農地としての問題点を指摘したうえでこう語った。

「（諫早湾干拓農地は）まったく優良農地といえず、少なくとも当初数年は、栽培に適さない干拓地に誘い、失敗したら自己責任だとしてリース料は取り立てる。今の入植者が苦しむ理由が農地の悪条件からわかった気がします」

第6章　引き裂かれた海

1 諫早湾干拓を進めてきた国と県

諫早湾干拓事業では、干拓工事が始まって以来、残された海では異変が続き、干拓地でも農地の不良を訴えたり撤退したりする営農者が相次いでいる。この現状を、諫早湾干拓事業を進めてきた国はどう考えているのか。熊本市にある農林水産省九州農政局を訪ねた。担当の親泊安次（おやどまりやすつぐ）・地方参事官（当時）が取材に応じた（二〇一九年一〇月取材）。

――スタートした当初は四一経営体で（干拓地での営農が）始まったと思いますが、現在そのうちの一三経営体が撤退している。この現状についてはどう思っていらっしゃいますか？

「じつは長崎県農業振興公社に土地のほう、譲っておりまして、五年ごとだったと思いますけども契約更新されて、結果、今おっしゃったような数字になっているかと思います。個別個別の状況をうちらも詳細把握してないので申し上げられないので申し訳ないんですけれども、今言ったように、現在しっかり取り組まれている方は意欲的にやられているという認識がございますので、そういう方々を応援していきたいというふうに思っています」

――潮受堤防で閉め切られた外側の海でタイラギの不漁など、不漁が続いているという現状があるかと思うんですけれども、そのことについてはどのように考えておられますでしょうか？

「まさに今、有明海においては、赤潮や貧酸素水塊の発生等によりまして漁業に大きな影響を与えて、タイラギやアサリといった二枚貝類等、そういった漁業は依然として厳しい状況にあるというふうに認識しております。

有明海の環境変化については、長年にわたる海域の全体で関わるさまざまな要因があるということだと認識しておりますけれども、現在、その現状については有明海特措法（「有明海及び八代海等を再生するための特別措置に関する法律」）という特別法がございまして、それに基づきまして、うちらも含めて関係省庁、関係県と連携して、有明海の再生に向けてまさに総合的な取り組みを着実に進めていこうというふうに、それが必要だというふうに考えているところでございまして。

この状況の中で有明海沿岸四県、福岡、佐賀、長崎、熊本と農水省が協調しながら、当然、県や漁業団体といった方々のお話も伺いながら、タイラギ等の二枚貝類の水産資源の回復ということに取り組んでおりまして、現在、タイラギについては人工種苗の量産化、あと、人工稚貝の育成といったことを進めておりまして。

また、アサリについては、漁場環境改善ということで覆砂、砂を敷いたり、網袋で、採苗といって小さい貝の赤ちゃん、稚貝がつきやすいようなそういった取り組みを進めて、熊本や福岡といったところで資源量の増加、また、熊本の一部ですけれども、漁獲の再開といったようなこともアサリでは見られております」

――特に諫早湾内ですね、小長井町漁協ではタイラギの休漁が平成五（一九九三）年からずっと、二六年続いている（二〇一九年一〇月現在）という状況なんですけれども、このことについてはどのようにお考えでしょうか？

「今言ったように、厳しい状況というのは認識しておりますので、長崎県も協調した取り組みということで、タイラギとアサリ、四県が協調ということで四県ともにそれを特に対象として、四県同時といいますか、協調して取り組もうと。先ほど言った人工種苗だとか、稚貝生産、中間育成と、ちょっと専門用語になりますけれども、そういったものに取り組んでいただいて、四県同時にやっていただいています。長崎に限らず佐賀のほうのタイラギも厳しいということで、とにかくしっかり、今ちょうど四県、一生懸命やろうというふうにやっておりますので、こちらもしっかりやっていきたいと思っております」

一方、国とともに諫早湾干拓事業を推進してきた長崎県には、農林部の中に諫早湾干拓課があり、「諫早湾干拓事業に係る各種調整及び施設管理等」をおこなっている。また干拓農地は、長崎県副知事が理事長、長崎県農林部長が副理事長を務める公益財団法人「長崎県農業振興公社」が所有して営農者に貸し出している。干拓事業自体は国営でおこなわれたが、完成した干拓農地に関しては、長崎県のほうが深く関わっているのだ。

干拓地に当初入植した経営体のうち、三分の一の経営体が撤退し、農地の不良を訴える農家が出てきているなど、干拓地の農業の現状についてどう考えているのか長崎県に取材を申し込んだ。しかし、係争中のこともあり答えられないとして、インタビューに応じることはなかった。

2　諫早の海と生きていくはずだった人々

「〝あとを継いで〟とは言えなかった」——漁師・松永秀則さん

二〇二〇（令和二）年三月。漁師の松永秀則さんが向かっていたのは、小長井町の海岸にあるアサリの養殖場。松永さんの養殖場からは、潮受堤防の「排水門」がよく見える。調整池からの排水がおこなわれると、まともに排水が流れてくるところだ。

松永さんはかつて、一年中アサリを獲っていた。しかし今は、調整池からの排水が増える梅雨時以降になると養殖しているアサリが死ぬため、春先の三カ月ほどしか収穫できないという。

——春先しか収穫できないんですか？

「（調整池からの）排水の前に貝ば掘りあげてしまわんばいかん。掘りあげてしまわんば。水をどんどんあける（排水する）ようになったら死んでしまうとですよ。だから、ここにできた稚貝がみんな育つんであればですね、相当の利益が出るんですけど。前はそうだったんですよ。

一回私も、ここも全部、いっぱい貝ができてたときに、(排水で)全部全滅して(しまった)。今は死ぬ貝がいない状態ですよね。だから、ここにまた貝がおったら毎年そういう状態が起きるんですよ、排水のたびに。それが死ぬ貝がいないから被害の状況がわからないんですけど、毎年一緒のことなんで。

だから、少し入れとってもそれも全部死んでしまうんで、入れた分は早く掘りあげて、終わりにしてですね。そうせんと、そのままやったら入れた分、全部死んでしまいます。ここ。そしたら毎年被害があるっていうのが見えるんですけど、それだけの被害が毎年あってもらっても、赤字ですんでね。

当時(干拓前)はずっと、一年中(貝掘りに)出てたんですよね。全員で掘ってよかったんですよ」

——もともとは一年中掘っていた?

「はい、もともとは。それがもう夏場に死ぬから、夏場以降、掘れなくなったんですけど、前は夏場も死ななかったんで、干拓前は一年中アサリ掘りできてたんですよね。アサリ(漁)だけをしとる人たちも結構おられた」

国や県は、有明海の特別措置法に基づいて、有明海再生のための対策事業として、アサリの稚貝を放流したり、養殖場に砂を入れたりしている。その他、各種調査なども含め、今も毎年約一八億円、二〇〇五（平成一七）年以降累計で約三五〇億円が、有明海再生のために投入されている。[36]

しかし、ほとんど環境は改善していない。一方で、松永さんはこうした補助事業がなければ、アサリ漁は成り立たない状態だという。

「補助事業もらわんと、このアサリもだめなんですね。自分たちで種（稚貝）がよう買いきらんけんが。だから、干拓がなかったらそのまま自分たちで投資をしても十分養殖はできてたんですけど、今はもう補助がなかったら、アサリは、養殖は終わってしまうでしょうね。誰もする人おらんでしょ。できる人がおらんっていうんですかね。そんだけ海が壊れてしまったっていうのが現実ですよね。アサリが育たなくなったっていうのは。

ここは上に砂を覆砂しとるけん、（アサリが生息できるの）ですけど。ここですね、覆砂の下は潟が死んでるんですよ。硫化水素が下に溜まってるんで、そこまでいけば（アサリは）死ぬとですよね」

松永さんが砂地を少し掘って見せてくれた。下のほうは黒っぽくなっていて、刺激臭が鼻をついた。

「こういうふうにして、下にいったら（アサリが）死んでるんでね。底のほう、下は硫化水素ですよね、臭いでしょ。ははは。これが連鎖反応起こしてずっと死んでいくとです。早く掘らんと」

――上のほうは砂を入れてあるんですね

「はい。一年経ったらまた砂がだめなんですよね。人間が壊した海はなかなか元に戻らんですよ、お金入れても。自然は自然に戻さんと」

松永秀則さんの長男・貴行さんは、四一歳になっていた（二〇二〇年六月放送時点）。私が二〇年前に取材したときは、貴行さんが父親と一緒に漁を始めた頃だった。秀則さんは熱心に投網漁を教え、あとを継がせた貴行さんが何とかこの海で生きていけるようにと願っていた。

しかし、一〇年間一緒に漁をしたものの、結局、漁が再び活気づくことはなく、貴行さんは船を下りることにした。今は、障害者施設で介護の仕事をしている。この日は仕事が休みで実家に帰ってきていた。貴行さん、そして秀則さんに話を聞いた。

――貴行さんは今後、海に戻ってくる可能性はあるんですか？

「これから海がよくなるってなれば、この先戻ってくるっていうのも選択肢の中にはあると思うんで、それがいつになるかわからんけど。お父さんからよう言わるっとが、『できればおい（自分）が元気かうちに』っていうとは、ははは、言わるっけんが、まあそこらへん」

――お父さんが元気なうちに？

「（父・秀則さんが）元気なうちに（海に）戻ってきて漁ができれば、一緒に。そこは言わるっとですけどね」

――貴行さんは、干拓のことはどういうふうに思いますか？

「そうですね、できれば、（干拓が）ない状態、昔の干拓工事が始まる前のきれいな海でも仕事してみたかったなっていう思いはあるし。やっぱ漁師側としては、干拓は必要ではなかったのかなっていう思いはあるですけどね。でもですね、もう始まったもんはしょうがなか、完成したものもどうにもならんっていうともあるし」

「この先どうなるかわからんですけど、できれば自分たち、今の世代の人たちもずっと（漁を）続けていけてるような海であってほしいなと思うし、そのときにまた自分もできたらなと思うんで。なんとかきれいな海に戻ってもらいたいなという思いはありますね」

――秀則さんは、貴行さんに対してどう思っていますか？

「やっぱり、あとを継いでもらうとがいちばんの夢で、がんばってきて、いろんな投資をしてきて、あのー、ね、やりがいもあって、それが生きがい、やりがいでがんばってきたんですけどね。

（息子が）もっと大きくしてくれるかなと、自分たちの考え以上にね。いろんなパソコンとか何とか、私たちが手に負えんような技術が出てきたけんが、そういうとを駆使してやってくれるかなと思って期待してですね、自分たちができんことを子どもがやってくれるかなと思って、それを期待しながら投資もして。

普通、そうと思うんですよ、みんなね。事業しよる人は。自分が事業し始めたら子どもに託して、子どもの代にもっと大きくしてもらいたいっていう気持ちがあって、張り合いがあってがんばるんですから。

干拓で、結局は子どもば無理強いしても、子どもの将来がだめになるようなことだけは避けたいなと思うとったんですけど。だけん、一回は（漁を）手伝ってくれと言ったけど、福祉のほうに誘いがあって、息子が行きたいってなったときに言えなかった。ははは。断って漁をしてくれって言えんやったです」

諫早湾では、二七年間（二〇二〇年六月放送時点）、タイラギ漁がまったくできない状態が続いていた。松永秀則さんたち漁民は今、諫早湾が閉め切られてから養殖アサリなどを食べ荒らすようになったナルトビエイの調査をしている。松永さんたちは、海に獲物の貝がいなくなったため、養殖場のアサリを食べに来るようになったのではないかと考えている。漁船を出して網でナルトビエイを捕獲し、生息状況などを調べる。有明海の特別措置法に基づき、国や県がおこなっている海の異変の原因調査の一環で、松永さんたちが請け負っている。

同行して取材したこの日、網には何もかからなかった。今は被害にあう貝や魚さえいなくなったという。そして、調査費の日当が漁師の生活を支えているのが現実だ。

「もう（魚介類が）何もいないから、こういう調査でなんというか、調査費をもらって生活をしているという状態ですよね」

――どんなお気持ちですか?

「もう、漁業者の状態じゃないっていう。ははは。本来はこういうのは調査会社がやる仕事ですよね。漁業者は魚を獲って生活をするのが本職ですから……」

松永さんの自宅の二階から、海がよく見えると教えてくれた。一緒に二階のベランダに行くと、諫早湾の全体を見渡すことができた。

――海はもう、すぐ目の前というか

「そうですよ、(近くの)〝池〟で仕事するようなもんですよね。もう外海に何時間もかけていく漁業と違ってですね、目の前で魚を見て、ああ魚が湧いてるっていうことで行って、すぐ獲って帰ってこられる、そういう海域ですからね。ここから魚がいるのが見えて、その見えてる魚獲りに行って帰ってこれるんだから。ものすごい、やっぱり豊かだったということですよね。たったこんだけの海域でですよ、閉鎖海域の中でね」

――いい海だったんですね

「ええ。だから、魚がね、湧いてるのが黒く見えてたんで、ここから双眼鏡で見たら。

群れが真っ黒く、色がついてた。そういうのが、ここからでも見えよったんです、双眼鏡でね。

結局は、やっぱり自分が好きな仕事っていうですかね。やっぱり自然と、楽しみながらできる仕事やったけんですね。しかし今は楽しむも厳しいですよ。ははは。前は、楽しみながら、お金も入ってくるしですね。いちばんいい仕事と思いよったですけど。漁があるときやったら本当にね、漁が好きな人だったら、いちばんいい仕事て思うですよ。自信持って言えますよ。自分は。ははは。何の仕事でもそうでしょうけどね。自分が楽しみながら好きな仕事をされとれば、そして収入があれば。いちばんいい仕事と思うと思う」

――やっぱり今もこうやって海を見るんですか？

「見ますよ。たまに、期待をしてですね、魚が浮いとらんかなーと。ははは。間違ってですね」

――ずっと見て生まれ育って、どんな海ですか、松永さんにとって

「そうですね……。母親みたいな感じかな。ずっと育ててもらったけんが。私は五つのときから（母）親を亡くしてるんで。この海に育ててもらったんですからですね、今まで」

松永秀則さんは、今日も、母なる海に向かう。

「自分を振り返って、バカやねーって」——嵩下正人さん

漁業をあきらめ、漁師の仲間と建設会社を作って干拓工事をしていた嵩下正人さん。干拓工事が終わったあとも、諫早湾干拓に翻弄されてきた。

二〇〇八年、入植が始まった干拓地に、嵩下さんの姿があった。干拓工事が終わったら仕事がなくなると悩んでいるときに、国の担当者から入植を勧められたという。

——どういう経緯で干拓地で農業を始めたんですか？

「東京に行ったときに、（干拓）農地を利用して農業してみらんですかっていう話があったもんだから、『金ないもん』って言うたら、『金はいくらでも出しますよ。出す方法はありますよ』って言わすもんやけん」

——それは誰からですか？

「農政局の部長さん。そういうふうに言われたもんやけん、それを信じて、手上げてしもうたたい。ははは。帰ってきてから社員に全部集まってもらって、『（干拓工事が終わったあと）このマリンワークを維持しようと思えば一〇人程度でいいから、ほかの人たちに辞めてもらうようなかたちになってしまうけども、もう一つ、干拓に入植して農業してみら

んかって話がきとるんやけど、どうするか』っていうふうに言ったら、みんながしたいって言うもんだから、じゃあやろうかと」

四二ヘクタールの広大な畑で、国や県が推奨していたジャガイモやタマネギなどを作ることにした。大型トラクターなど設備投資におよそ二億円がかかった。嵩下さんが社長で、干拓工事を請け負っていた建設会社「マリンワーク」で働く、もともと漁師仲間の従業員も、新しく設立した農業法人「マリン農産」で受け入れ、働いてもらうことにした。

失敗するわけにはいかなかった。しかし、もともと干潟だった干拓地は水はけが悪く、ジャガイモが大量に腐るなどして、大幅な赤字に陥ったという。嵩下さんは、小江干拓地と中央干拓地と両方に畑があったが、特に小江干拓地の畑の水はけが悪かったという（一七五頁、図5参照）。

——実際、干拓地で農業を始めてどうだったんですか？

「一年目、二年目までは何とか。三年目に、こっち側（小江干拓地）のジャガイモが全滅したったい。三年目にガタッと（売り上げが）落ちたっさね。全滅してしもうたもんやけん、ジャガイモが」

——具体的には、どうなったんですか？

「雨で腐ってしまったとですよ、長雨で。畑が水に浸かってしまって、大雨がずうっと降ったもんだから。結局、干拓地自体が、水はけが悪いっていうのと、どうにもならんやったもんな、確かに。水が切れんとですよね、いったん雨降れば。山のさらさらの畑じゃなくて、干拓地特有の潟地だから」

――土が?

「うん。水含めば、もう。だから、ここではジャガ（イモ）を作る人がおらんごとなってしまった。収穫前に雨が降って、雨が降ったら一週間はそこの畑に入られんとやもんね」

――入れない?

「長靴でも入りきらんぐらい。あっち側（中央干拓地）は、二〜三日すれば入らるっとさ。トラクターも入っていくとさ。こっち側（小江干拓地）は、一週間ずーっと入られんやった。トラクターも入られんやった」

――どんな感じになるんですか?

「べちゃべちゃでどうにもならん。入られんって、うちの社員たちも言うけん、『じゃあ、ジャガイモ腐ってしまうたい』って。『ですよね』って。もう大丈夫やろうっていうと、ドーッてまた（雨が）降って。県に、国に、こげん（こんな）畑を貸しやがってってって。そっからこうなった（下がっていった）ね、極端に。その次の年から売り上げが、ほんと微々たるもんやったですもん。

赤字、赤字で何年かしか、もてんやった（もたなかった）ですね。結果、食い潰してしもうて、借金が四億。あっちこっちから持ってきて、何とかせんばいかん、何とかせんばいかんっていう焦りになってしもうて。だけど、金も貸してくれんし、しょうがないみたいな言い方しかされんもんやけん」

結局、営農に失敗し、撤退。借金の総額は四億円に上った。今は、小長井町に戻り、親戚から山あいの畑を借りて細々と農業をしている。少しずつ借金を返す日々だ。訪ねた日は、高菜の植え付けをしていた。たった一人で広い畑に腰をかがめての作業はきつそうで、「はーっ、はーっ」と息が上がっていた。

嵩下さんに今振り返ってどう思っているか聞いた。

――どうですかね、今振り返って思われることは？

「バカやねーって。自分を振り返ってみてバカやねーって。自分は信念持ってしてきたつもりやったけど」

――干拓工事についてはどういうふうに思われますか?

「やっちゃったなって。でも、結果よしとせんことにはしょうがないじゃないですか、干拓工事は。海を仕切ってしまったことに対して、何が生まれたのかっていえば、結局、農地がそこにできたわけじゃないですか。あれだけ広い農地と調整池が。そこに入っとる人たちが、うまくいってくれればよかとばってんさ。

こんだけのことやって両方の漁業者と農業者がうまくいかんと、目も当てられんて。結果そういうことよ。なんで国がそれをするのかな、県も国も。もうちょっと漁業者と農業者のことを考えてちゃんとしてくれてれば。いくら使った? 国民の税金でしょ。そこまでする価値があったとかなってていうぐらい。

やっぱり、漁業者、農業者が生きていけれるような体制を作らんけん、こういうふうになっとたいって。ただ単に、この干拓を進めるだけの目的で、漁業者も農業者も、犠牲者、被害者じゃないかと。強いていえばね。そういうふうなやり方をすること自体が間違うとるって僕は思うとですけど。漁業者と農業者がうまくいくような結果になってくれれば、それがいちばんよかとやろうけど」

「もう一度漁をしたかった」――元漁協組合長・故・森文義さん、妻・あさ子さん

二〇二〇（令和二）年三月、諫早市に一軒の惣菜店がリニューアル・オープンした。地元の食材を使った弁当や惣菜が並ぶ。手作りの海苔巻きやおはぎ、小長井産のカキやコハダなど海産物に加えて、地元産のトマトやキュウリ、栗などの農産物もあり、近所の人や隣の佐賀県から買いに来る人もいて人気を呼んでいる。

店を営むのは、森あさ子さん。漁業補償協定に調印した小長井町漁協の元組合長、森文義さんの妻。森文義さんは、二〇〇四（平成一六）年に小長井町を離れ、横浜で土木工事の仕事などをしながら暮らしていたが、二〇一七（平成二九）年に亡くなった。文義さんは亡くなるまで、故郷・小長井町、そして諫早の海のことが、頭から離れなかったという。

あさ子さんに、文義さんが亡くなったときのことを聞いた。

「横浜で亡くなったんですけど、病院で。どうしても小長井に連れて帰りたくて、そのまま亡くなった状態で（車で）小長井に連れてきたんです」

――すぐに？

「そうですね。翌日に出発したという感じですね。今日亡くなったら翌日に出発したという感じですね。本人も帰りたかったでしょうし、横浜でだびに付すというのはちょっと

写真 1-1　国会前でビラを配る森さん

写真 1-2　座り込みをする森さん

（提供：森あさ子）

できなかったですね。小長井に連れて帰ろうって」

森文義さんは晩年、干拓工事のあとから不漁が続くようになってしまったことに心を痛め、諫早の海が元に戻ることを願って、一人で国会の前でビラを配ったり、座り込んだりして、水門の開門を訴えていたという。（写真1－1、1－2）

「向こう（横浜）に行っても座り込みなんかをしながら、アルバイトがあるときはアルバイトに行きながらみたいな。干拓工事したのも漁民ですからね。漁民がしましたからね。漁民が会社作ってやりましたから。なんて言えばいいかわからないですね」

――そのことについて、文義さんはどうおっしゃってたんですか？

「してほしくないって思ってたと思いますよ。でも、最後は、食うていくためには、やらざるをえないのかなみたいな。

自分は物乞いになってもやらないってよく言ってましたけど。うちにいた従業員とか、そういうふうになっていったわけですから悔しい思いもありましたけど、食べていくには仕方がないのかなって思わんと仕方ないですね。してほしくないけど。自分の宝の海を自分の手で壊すのかっていう感じですよ。宝の海、宝の海って今まで言ってきて自分たちも恩恵を受けてきてるのに、干拓工事まで自分たちの手でするのかっていう思いでしたね。

昔は、目標も一緒だし、同じ酒を飲んで、(一緒に漁を)してた仲間がそういうふうになったわけですからね。人間関係も壊して。一緒に漁を、夜に海に出たりしてましたけど。家族みたいなあれ(付きあい)も、みななくなってしまいましたから……。もうそれはよく言ってました。私に向かってじゃないですけど、あの、『海も壊したけど、そういう人間関係も壊した』って言ってってですね」

——亡くなられるときは何かおっしゃってましたか？

「本当に昔、結婚して当初ね、網(漁)をよくしてたんですけど、コノシロ網とか流し網とか」

——二人で？

「二人でやってたんですけど、特にコノシロ網をもう一回やってみたいなとか言ってましたけど。網を入れたかと思って、振り返ったらもう沈んでるんです、網が。それだけ魚がたくさんいて、(網を)入れたかと思ったらすぐ揚げなきゃいけない。そんなに獲れた。よく毎日出てたんですけど、本当に脳裏に焼き付いてますから、その光景が。普通、ぱらぱらかかってるときは魚を(網から)はずしながら、網をたぐっていくんですけど、たくさんかかりすぎて、とにかく網だけ最初揚げて、港に帰ってから(魚を網から)はずすみたいなことしてました。船が沈みそうに(魚が)かかってました。『もう一度やってみたいな』って言ってました」

写真2　森文義さんの位牌

森文義さんは二〇一七(平成二九)年一月、故郷・小長井に帰ることなく、横浜で亡くなった。六七歳だった。

あさ子さんは、毎日欠かさず、仏壇に向かい「般若心経」をあげて手を合わせている。仏壇には、文義さんの位牌が置かれていた。私は、仏壇を拝ませてもらい、文義さんの法名を見たときハッとした。「釋還海信士」。法名のいちばん上にある、「お釈迦様の弟子」という意味の「釋」に続いてある名は「還海」だった。調印したことから、故郷を離れ、亡くなるまで戻ってくることがなかった森文義さん。森さんは亡くなってようやく、思いを募らせ、もう一度、漁をしたいと願い続けてきた諫早の海に還ることができたのだと思った。

かつて「有明海の子宮」と呼ばれた諫早湾。干拓工事が始まって三〇年以上が経った。それぞれが、諫早の海で生きていくはずの人生だった。

第7章

諫早湾干拓事業の行方

1　福岡高裁差し戻し審

裁判所が強く求めた「和解」、しかし……

二〇二〇（令和二）年二月、福岡高裁での差し戻し審が始まった。審理がおこなわれて一年以上経った二〇二一年四月、福岡高裁（岩木宰裁判長）は、国と漁業者側に対し、和解協議を始めることを提案した。開門、非開門についての方向性は明示せず、国側には和解に向けて積極的な姿勢をとるよう求めた。福岡高裁が示した「和解協議に関する考え方」にはこう書かれている。

「広い意味での紛争及びその一部としての本件請求を、総合的、抜本的に解決するためには話し合いによる解決以外に方法はないと確信している。〈中略〉改めて紛争の統一的・総合的・抜本的解決に向け、互いの接点を見いだせるよう、当事者双方に限らず、必要に応じて利害関係のある者の声にも配慮しつつ〈中略〉、その上で当事者双方が腹蔵なく協議・調整・譲歩することが必要であると考える。〈中略〉とりわけ、本件確定判決等の敗訴当事者という側面からではなく、国民の利害調整を総合的・発展的観点から行う広い権能と職責とを有する控訴人（筆者注：国）の、これまで以上の尽力が不可欠であり、まさにその過程自体が今後の施策の効果的な実現に寄与するものと理解している。当裁判所としては、その意味でも、本和解協議における控訴人（国）の主体的かつ積極的な関与を強く期待するものである」

〔福岡高等裁判所「和解協議に関する考え方」（二〇二一年四月二八日）より〕

そして、最後には、国民の財産としての有明海の再生、地域の対立や分断が解消されることへの強い希望が書かれている。

「有明海は、国民にとって貴重な自然環境及び水産資源の宝庫としてその恵沢を国民が等しく享受し後代の国民に継承すべきものとされ、国民的資産というべきものである。〈中略〉そして、国民的資産である有明海の周辺に居住し、あるいは同地域と関連を有する全ての人々のために、地域の対立や分断を解消して将来にわたるより良き方向性を得

るべく、本和解協議の過程と内容がその一助となることを希望する」（同前）

漁業者側はこれを歓迎し、すぐに受け入れると表明した。しかし、国側は、以下のような文章を出し、まったく応じようとしなかった。

「控訴人（筆者注：国）は、平成二九年四月二五日付け農林水産大臣談話のとおり、開門しないとの方針の下、開門によらない基金による和解を目指すことが本件の問題解決の最良の方策である旨を貴裁判所に申し上げてきたところ、現在もその考えに変わりはない。また、控訴人は、開門の余地を残した和解協議の席に着くことはできないことも申し上げてきたところ、この点についてもその考えに変わりはない」

（国側が出した「意見書」（二〇二一年七月三〇日）より）

これに対し福岡高裁は、双方が話し合う進行協議を続け、国側が目指す「非開門を前提とした和解」について具体的な解決案を示すよう求めた。そして、漁業者側が求める「訴訟以外でも議論する場」の設置への賛否なども含めて回答を要請した。

しかし、国側は以下のように再び意見書を提出し、和解協議を拒否する姿勢をより一層明確にした。

「控訴人（筆者注：国）は、非開門を前提とした協議をすることにはなっていない現状においては、開門の余地を残した和解協議の席に着くことはできないため、和解協議の進め方や和解条項の内容についての協議には、もはや応じることができない。〈中略〉控訴人と被控訴人（筆者注：漁業者）らとは、非開門／開門の方向性について正反対の立場にあるため、その方向性が定まらないまま、いたずらに期日を重ねても、協議の進展は望めず、紛争の早期解決に資するものではない。控訴人としては、速やかに進行協議を打ち切り、口頭弁論期日を指定して弁論を終結し、判決の言渡しをすることを求める次第である」〔国側が出した「意見書」（二〇二一年九月一〇日）より〕

それでも福岡高裁は協議続行を決め、国、漁業者、双方にそれぞれの意見書への見解を示すように要求した。また、提案していた「話し合いによる紛争解決」について国側に、裁判とは別に利害関係者らが協議する場を設ける意向があるかも尋ねた。福岡高裁は粘り強く協議を続けることを促しているように見えた。

国が和解拒否の姿勢を崩さない中、九州四県の漁業関係者たちは、国に対して、和解に向けた話し合いに応じるよう、三二六〇人分の署名を九州農政局に提出した。署名を呼びかけたのは、佐賀県の漁師で開門確定判決の裁判の原告である平方宣清(ひらかたのぶきよ)さん。「署名では、漁業者だけでなく色々な方々がこの事業で大きな影響を受けているという声があった。国は一度、立ち止まって国民の声を聞いてほしい」と訴えた(「朝日新聞」二〇二一年九月三〇日付)。

二〇二一年一〇月、元長崎県知事で、諫早湾干拓を推し進めてきた金子原二郎さんが、農林水産大臣に就任した。金子大臣は、就任会見で開門調査しない方針を表明した。開門に反対してきた干拓地の営農者や地元住民からは歓迎の声が上がった。

結局、国は「開門の余地を残した和解協議の席には着けない」との態度を崩さず、福岡高裁は、審理の継続は困難と判断。協議は打ち切られ、判決が言いわたされることになった。

そして、二〇二二年三月二五日、判決が言いわたされた。判決は、国の主張を全面的に認め、開門を命じる確定判決について「強制執行は許されない」と、確定判決を〝無力

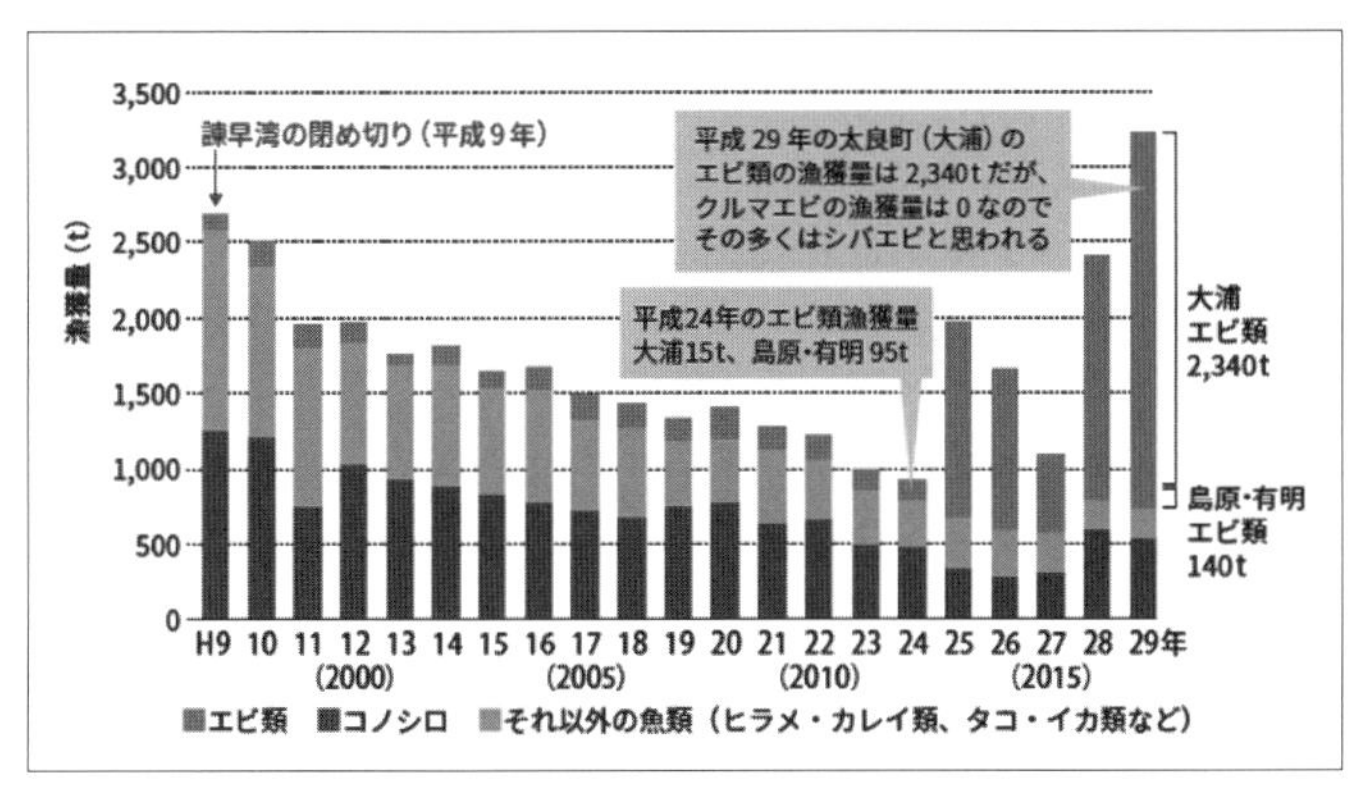

図１　諫早湾近傍の３つの組合（大浦、島原、有明）の主な魚種の漁獲量
（国が裁判で提出したグラフと資料を元に作成）
〔「漁民ネット通信 第46号」（有明海漁民・市民ネットワーク 2022年5月13日）より〕

化〃するものだった。判決では、漁業への影響は、依然として深刻ではあるものの、漁業者「一人当たりの漁獲量は増加傾向にあり」、開門した場合、「甚大な水害が発生する可能性が否定できず」、「営農上の支障は大きい」とした。その上で、有明海の諸問題は「今回の判断によって直ちに解決に導かれるものではない」。有明海の再生に向けて「協議を継続させ、加速させる必要がある」。「双方当事者や関係者の全体的・統一的解決のための尽力が強く期待される」と異例の「付言」で、国と漁業者に呼びかけた。

判決に対し、漁民側は「すべて事実誤認だ」と主張。とりわけ強く反発したのが「漁獲量が増加傾向」にあるという認定。漁獲量が増えているのは、シバエビやビゼンクラゲなど一部で、タイラギなど主な魚介類の不漁が続く中で、仕方なく獲り始めたものだという（図1参照）。エビ類の中でも以前の主力で今は獲れなくなった「クルマエビ」の単価は約五〇〇〇円／キログラムだが、「シバエビ」は二〇〇円／キログラムを割るという。[37] しかも、投網漁で佐賀や長崎の漁師が対岸の熊本沖まで行って獲っているため、燃料代もかさむ。環境が悪化した海域に増えるクラゲも、以前は獲っていなかったが、ほかに獲るものがなくなって獲っているのであって、決して漁場の環境がよくなってきているわけではないと憤る。

佐賀県の西南部では、今年（二〇二二年）も深刻なノリの凶作に見舞われたばかりだった。実際、判決でも「平成二七年（筆者注：二〇一五年）以降、増加傾向にあるとはいい得るものの、本件潮受堤防の閉切り前との比較で、それが回復しているとまではいえない」「被控訴人（筆者注：漁業者）らへの影響は、依然として深刻ではあり、控訴人が主張するように被控訴人らの漁業被害が回復したとはいい難い」ともいっている。[38]

この判決には、何か違和感が拭えなかった。福岡高裁はこれまで、「話し合いによる解決以外に方法はないと確信している」といい、双方に粘り強く和解に応じるよう促してきていた。しかし、その今までの流れとあまりに違ったからである。「付言」で当事者や関係者の協議を促してはいるものの、国の主張を全面的に認めたこの判決では、両者の溝はより一層深まってしまうのではないかと感じたのだ。

二〇二二年四月八日、漁業者側は上告し、再び最高裁での審理が続くことになった。諫早湾干拓を巡る争いは、ますます混迷を深めていく。動き出したら止まらない巨大公共事業と、それに翻弄される地域や住民たちの行方はどうなるのか。

諫早湾干拓事業のあり方は今なお、私たちにさまざまな問いを投げかけ続けている。

エピローグ

今季（二〇二一～二二年）の有明海のノリ漁は、全体としては一九年連続で佐賀県が生産額日本一になる見込みの一方、県の西南部ではノリの色落ち被害が広がり、記録的な凶作に見舞われた。赤潮が毎年冬に発生。年々被害は深刻化し、今年は特に酷かったという。

二〇二二年二月、佐賀県太良町大浦のノリ漁師・大鋸武浩（おおがたけひろ）さん（五二歳）を訪ねた。大鋸さんは、前年一〇月に約六〇〇枚の「秋芽網（あきめあみ）」を張り込んだが、〝全滅〟した。その後、冷凍保存したノリの「冷凍網」を約三〇〇枚、赤潮でノリが色落ちし込んだが、やはり成長せず、一回だけ摘み取って一月下旬には撤去した。

本来なら二月下旬までに五～六回採取するが、「こんなに早く撤去したのは初めて」だった。今期の売り上げは五〇〇万円。網代や乾燥機の整備、燃料費など規模が小さい大鋸さんのところでも、少なくとも五〇〇万円の経費がかかるという。この状況が続けば、「廃業するしかない」。

佐賀県のノリは、有明海の東部に比べ、西南部など諫早湾に近い海域ほど被害が大きくなっている。大鋸さんは、潮受堤防からの排水が原因だと考えている。大鋸さんは、有明海の特別措置法の第二二条「赤潮等による漁業被害者等の救済」に基づく救済を求めているが、国は既存の漁業共済制度で対応できるとし、第二二条の発動が必要かどうかは考えるとしている。

今まさに、有明海の異変に苦しむ人々がいる。原因不明として、これからもこのままの状況を続けていいのか。

諫早湾干拓を取材していて感じたのは、これは〝情報戦〟ではないかということだ。干拓地で営農している農業者は、開門したら海水がジャブジャブ押し寄せて、塩害で農業はできなくなると思っている。制限して開門するやり方（3－2開門、一二四頁の図7参照）があるという話をしようとしただけで、「お前は開門派か！」と怒鳴られたことがあった。農業者が勝訴し、開門差し止めになった裁判でも、新干拓地での塩害は否定されている。しかし、県など行政からの情報や説明によって、農業者のみなさんはそう信じ込んでいて、まったく冷静に話し合う状況ではないと思われた。

ロシアのウクライナ侵攻を連想した。真偽は別にしても、地元の人々がそう信じ、支持している限り、ほかの地域の人々がどう疑問を呈し、批判しても、事業は進み続ける。

長崎県が発行しているパンフレット「今を、未来を、なぜ崩そうとするのですか？　諫早湾干拓事業の歴史から潮受堤防排水門の開門による影響について――いっしょに考えてみませんか！」（八三頁の写真参照）は、幅広い県民や公共のための長崎県というよりも、公共事業・諫早湾干拓の推進主体としての長崎県の立場で書かれている。漁師の松永秀則さんが、「私たちは長崎県民に入っとらんごたっですね」と嘆くように、事業推進、開門反対の行政や農民、住民や漁民などの立場だけで語られており、開門を主張する漁民や農民の立場が入れられていない。

とかく、行政が発表する情報が公式のものであり、間違いないと思ってしまうところがあると思う。だが本書では、できるだけ一面的な情報だけでなく、それに対する異論や異見があれば並べて提示するように心がけた。どこに真実があるのか、それぞれが考える手がかりになればと思う。

二〇二二年四月一四日で、〝ギロチン〟と言われた諫早湾の閉め切りから、ちょうど二五年が経った。海は引き裂かれ、川と海とのつながりが断たれた。そして、そこで暮らす地域住民の人間関係も引き裂かれてしまった。四半世紀経っても、争いは続いたままである。

〝公共〟とは何なのか。これからも公共事業のあり方を見つめていきたいと思う。

（二〇二二年六月）

あとがき

いったん原稿を書き上げ、出版の準備を進めているときに、大きなニュースが入ってきた。水門の開門を命じた「確定判決」に対し、国が「無力化」を求めた請求異議訴訟で、最高裁判所は二〇二三年三月一日付の決定で、漁業者側の上告を退けた。国の主張が認められ、「開門しない」という福岡高裁判決が確定することになった。

野村哲郎・農水大臣は、臨時の会見を開いた。「よかったの一言です。もう訴訟だけはおやめいただきたいなと。できるだけ話し合いのうえで、われわれ国の支援で何とか再生をしていただきたい」。

漁業者側の弁護団は声明を発表した。「憲政史上初めて確定判決に従わなかった国を免罪し、司法本来の役割を放棄したものと言わざるをえない」。そして、「有明海再生に向けた開門と開門調査は不可欠である」としたうえで、「それぞれの利害関係にも配慮しながら、真摯に話し合いに臨む所存である」と述べた。

野村農水大臣は、その後の衆院農林水産委員会で、「もう訴訟だけはやめて」などと述べたことについて質問されると、「紛争の一つの区切りにしたいとの気持ちだった。裁判を受ける権利は奪われない」と釈明した。「確定判決は無効になったのか」との質問に、農水省は「国の開門義務は残っている」が、開門の強制はできなくなったと答弁した。[39]

この最高裁の上告棄却によって、「開門」か「非開門」かを巡って約二〇年続いてきた法廷闘争は「非開門」で司法判断が統一され、「事実上決着」したと報じられた。しかし、これで本当に「決着」するのだろうか。「決着」とは何なのだろうか。

有明海の異変は続いている。今季（二〇二二〜二三年）のノリ漁はかつてない不作となった。赤潮が頻発し、雨が少なかったことも重なって、ノリの「色落ち」被害が広がった。一九年連続でノリの生産額日本一を続けてきた佐賀県は、その座から陥落した。品不足から全国的にノリの値段が上がり、大きな影響を及ぼした。タイラギをはじめとした魚介類も不漁が続く。上告棄却の知らせを聞いた漁師の松永秀則さんは、「確定判決まで覆されるとは。残念ながら権力が司法より強い」とする一方で、「水門が開くまで、闘い続けるしかない」と語った。

国も漁民側も双方が、今後の「話し合い」を語る。しかし、国は「開門しないことを前提」とし、漁民側は「前提を設けない」話し合いを求める。まず、両者が話し合いのテーブルに着くことが解決への第一歩となるが、先行きは見えない。

いずれにしても、有明海が再生し宝の海に戻らない限り、「真の決着」とはならないことは間違いない。

最後に、番組制作にあたって取材させていただいた出演者や関係者の皆さま、本当にありがとうございました。心よりお礼申し上げます。また制作に携わってくれたスタッフの皆さんに感謝いたします。そして、書籍化にあたって、多くの助言をいただいた西日本新聞の山本敦文さん、番組プロデューサーの岩下宏之さん、論創社の谷川茂さんに、心より感謝申し上げます。

二〇二三年四月

吉崎　健

注

1　宮入興一（長崎大学名誉教授・愛知大学名誉教授）は、諫早湾の干潟を失ったことによる浄化能力の喪失と水質悪化によって生じる費用を、これを代替する下水処理施設の建設運営費で換算すると一三八四億円、漁業被害を含めた社会的費用は五六一三億円にのぼると推計している（「国営諫早湾干拓事業と費用対効果評価—第2次変更計画を中心に」『愛知大学経済論集』、二〇〇六年）。また、髙橋徹（元熊本保健科学大学教授）らは、環境省発表資料から、諫早湾干拓で失った干潟の経済価値を年間三六〇億円と推計している（「諫早湾調整池の有毒アオコ」『諫早湾の水門開放から有明海の再生へ』諫早湾開門研究者会議編、二〇一六年）。

2　堤裕昭「諫早湾における潮受け堤防の建設が有明海異変を引き起こしたのか?」田中克編『森里海を結ぶ［3］いのち輝く有明海を　分断・対立を超えて協働の未来選択へ』花乱社、二〇一九年）。その他、以下を参照。環境省、有明海・八代海総合調査評価委員会「有明海・八代海総合調査評価委員会 委員会報告」（二〇〇六年一二月二一日）、『日本環境会議（JEC）「諫早湾干拓問題検証委員会」報告書 〝宝の海〟を再び！—日本一の干潟を取り戻そう—』（二〇二一年）、堤裕昭「有明海の赤潮頻発に端を発する生態系異変のメカニズム」（日本ベントス学会誌2021年76巻）、佐藤正典『海をよみがえらせる—諫早湾の再生から考える』（岩波ブックレット、二〇一四年）、髙橋徹編『諫早湾調整池の真実』（かもがわ出版、二〇一〇年）、諫早湾開門研究者会議編『諫早湾の水門開放から有明海の再生へ』（有明海漁民・市民ネットワーク、二〇一六年）。

3　ＥＴＶ特集「タイラギよ　よみがえれ～長崎県・諫早湾～」（ＮＨＫ、一九九九年二月二五日放送）、「変わりゆく干潟の海～長崎県・諫早湾～」（同、一九九九年八月一九日放送）、イブニングワイドながさき・リポート「諫早湾は今② 海はどうなっているのか？」（同、一九九九年一〇月一四日放送）。

4　諫早湾地域振興基金 編『諫早湾干拓のあゆみ』（一九九三年）。

5　九州沖縄スペシャル「失われた宝の海～諫早湾干拓　漁師たちの選択～」（ＮＨＫ、二〇〇八年三月一四日放送）、ＮＨＫスペシャル「〝清算〟の行方～諫早湾干拓事業の軌跡～」（同、二〇一一年一月二九日放送）。

6　九州沖縄スペシャル「失われた宝の海～諫早湾干拓　漁師たちの選択～」（ＮＨＫ、二〇〇八年三月一四日放送）。

7　諫早湾干拓前に、湾内に一二あった漁協のうち、湾の三分の一が閉め切られて、海がなくなった八漁協は解散し、残された海で四漁協が漁業を続けていた。

8　「西日本新聞」一九九三年一月二一日・二二日付、同一九九五年一月一四日付、「朝日新聞」一九九三年一月二一日付、同二〇〇二年四月四日・五日付、永尾俊彦『ルポ　諫早の叫び　よみがえれ　干潟ともやいの心』（岩波書店、二〇〇五年）などを参照。

9　前掲『諫早湾調整池の真実』より。

10　髙橋徹「ますます悪化する調整池の水質と有明海への影響」『日本環境会議（JEC）「諫早湾干拓問題検証委員会」報告書』（二〇二一年）、前掲『諫早湾調整池の真実』。

11　「川の生きものを調べよう―水生生物による水質判定」（環境省水・大気環境局、国土交通省水管理・国土保全局編）。

12　前掲「諫早湾における潮受け堤防の建設が有明海異変を引き起こしたのか?」、前掲『日本環境会議（JEC）「諫早湾干拓問題検証委員会」報告書』、前掲『海をよみがえらせる』、前掲『諫早湾の水門開放から有明海の再生へ』などを参照。

13　前掲「諫早湾における潮受け堤防の建設が有明海異変を引き起こしたのか?」。

14　諫早市公式ホームページ「国営諫早湾干拓事業　6．干拓地の利活用」より。https://www.city.isahaya.nagasaki.jp/soshiki/44/1632.html#06 に掲載されていたが、長崎県庁ホームページ「諫早湾干拓地にかける賑わい創出の取組　釣り体験会」に移動。釣果の掲載はなくなっている。

15 「朝日新聞」二〇〇八年一月二五日付、「読売新聞」二〇〇八年一月二五日付、「長崎新聞」二〇〇八年一月二五日付、「朝日新聞」二〇〇八年一月三〇日付、前掲『諫早湾調整池の真実』などを参照。

16 諫早市公式ホームページ「国営諫早湾干拓事業　5．干拓農地の風景」より。
https://www.city.isahaya.nagasaki.jp/soshiki/44/1632.html#05

17 山野明男『干拓地の農業と土地利用―諫早湾干拓地を中心として』（あるむ、二〇一四年）一〇二〜一〇三頁。

18 山下弘文『西日本の干潟―生命あふれる最後の楽園』（南方新社、一九九六年）、山下弘文『諫早湾ムツゴロウ騒動記―二十世紀最大の環境破壊―』（南方新社、一九九八年）、山下弘文『だれが干潟を守ったか―有明海に生きる漁民と生物―』（農山漁村文化協会、一九八九年）などを参照。

19 前掲『諫早湾干拓のあゆみ』。

20 NHKスペシャル「〝清算〟の行方〜諫早湾干拓事業の軌跡〜」（二〇一一年一月二九日放送）。

21 朝日新聞、二〇〇〇年四月一二日付。

22　九州沖縄スペシャル「失われた宝の海～諫早湾干拓　漁師たちの選択～」（NHK、二〇〇八年三月一四日放送）、NHKスペシャル「〝清算〟の行方～諫早湾干拓事業の軌跡～」（二〇一一年一月二九日放送）を参照。

23　宮入興一「諫早湾干拓事業―その経緯と問われる行財政の公共性」『日本環境会議（JEC）「諫早湾干拓問題検証委員会」報告書』（二〇二一年）、宮入興一「諫早湾干拓事業の公共事業としての破綻と環境再生」『ACADEMIA №162』（全国日本学士会、二〇一七年）、宮入興一「大規模公共事業の破綻と地域経済・地方財政―諫早湾干拓事業を素材として」『愛知大学経済論集』（二〇〇二年）を参照。

24　九州農政局「諫早湾干拓事業開門総合調査報告書」（二〇〇三年一一月）。

25　同前。

26　東幹夫／佐藤慎一「諫早湾閉め切り以降の有明海底生動物の消長」『諫早湾の水門開放から有明海の再生へ』（諫早湾開門研究者会議編、二〇一六年）、佐藤慎一／東幹夫「諫早湾を常時開門すると、魚介類はどうなる？」『有明海の環境と漁業　第1号』（有明海漁民・市民ネットワーク、二〇一六年）。

27　中山眞理子「諫早湾干拓事業による漁村の変容と回復への道筋―長崎県諫早市小長井町、佐賀県太良町を事例として―」『日本環境会議（JEC）「諫早湾干拓問題検証委員会」報告書』（二〇二一年）。

28　同前。

29　永尾俊彦「諫早湾干拓とは何だったのか［8］壊れた自然環境と人間関係」（言論サイト「論座」、二〇一三年九月四日）。

30　開門方法について。【ケース1】＝開門当初から全開、【ケース2】＝調整池への海水導入量を段階的に増加し最終的に排水門を全開、【ケース3－1】＝調整池の水位や流速を制限した開門・水位管理マイナス0・5m～マイナス1・2m、【ケース3－2】＝調整池の水位や流速を制限した開門・水位管理マイナス1・0m～マイナス1・2m、二〇〇二年の短期開門調査と同じ方法〔長崎県「国営諫早湾干拓事業について」（二〇一九年九月）などより〕。

31　九州農政局「諫早湾干拓事業の潮受堤防排水門の開門への協力のお願い」（二〇一三年八月）、九州農政局「諫早湾干拓事業潮受堤防排水門の開門に伴う主な対策工事の概要」（二〇一三年九月）より。

32　菅波完「諫早湾干拓事業の『防災』機能を問い直す―あるべき防災対策を考え直す契機として「開門調査」を実施すべき―」『日本環境会議（JEC）「諫早湾干拓問題検証委員会」報告書』（二〇一一年）。

33　内外エンジニアリング㈱「2003年度背後地排水その他検討業務報告書」。

34 計画高水位＝川の堤防工事などの基準で、堤防が完成したあと、その堤防が耐えられる最高の水位。

35 山崎和之、他「諫早湾干拓地における施設キクの栽培適応性および栽培法」『長崎県総合農林試験場研究報告（農業部門）第34号』（二〇〇八年）より。

36 請求異議訴訟・福岡高裁判決（二〇二二年三月）本文より。

37 中山眞理子、前掲報告書。

38 請求異議訴訟・福岡高裁判決（二〇二二年三月）より。

39 「毎日新聞」二〇二三年三月三日付、「朝日新聞」二〇二三年三月三日付、「佐賀新聞」三月三日付、「西日本新聞」二〇二三年三月九日付などを参照。

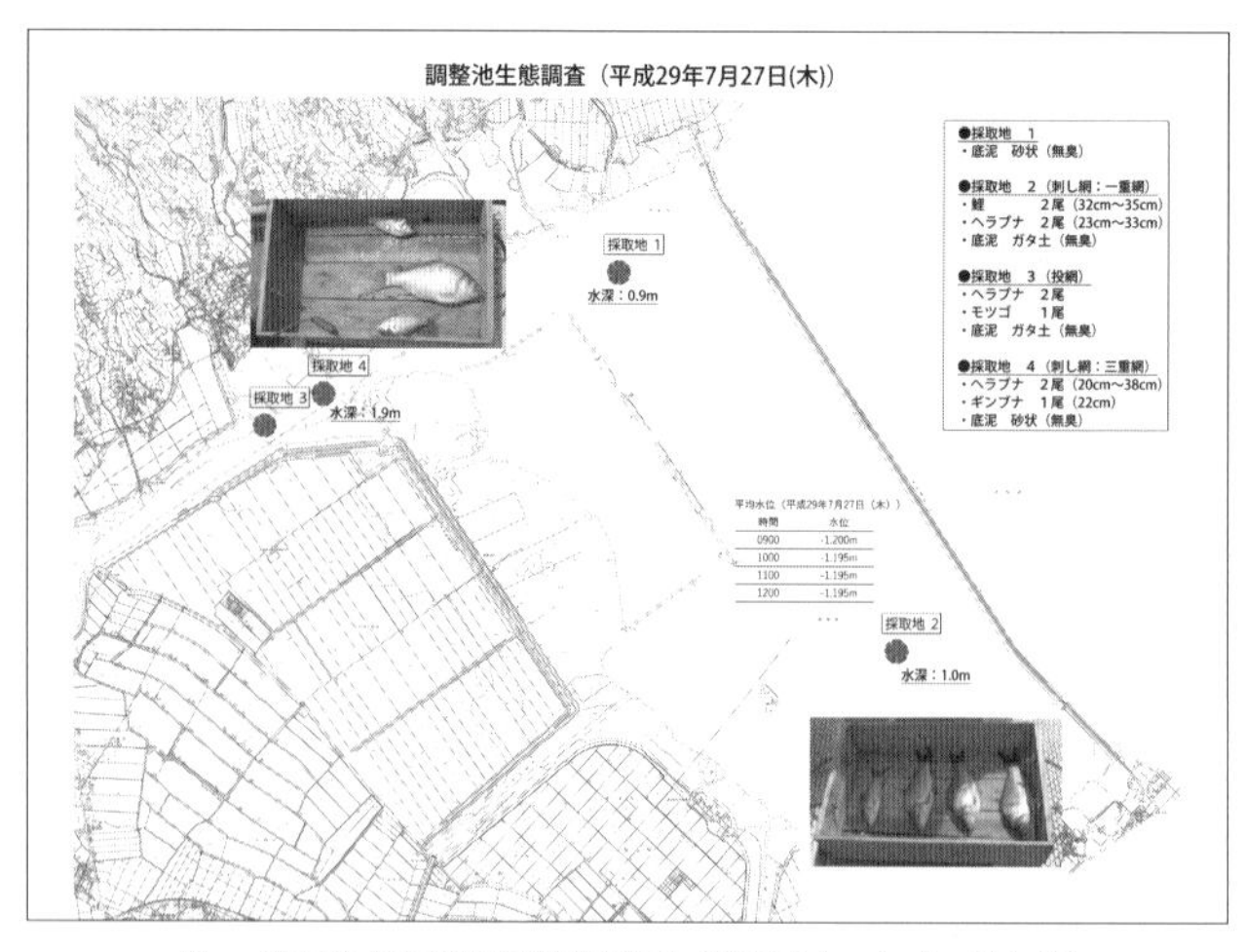

図ａ　諫早市の調整池生態調査結果（諫早市ホームページより）

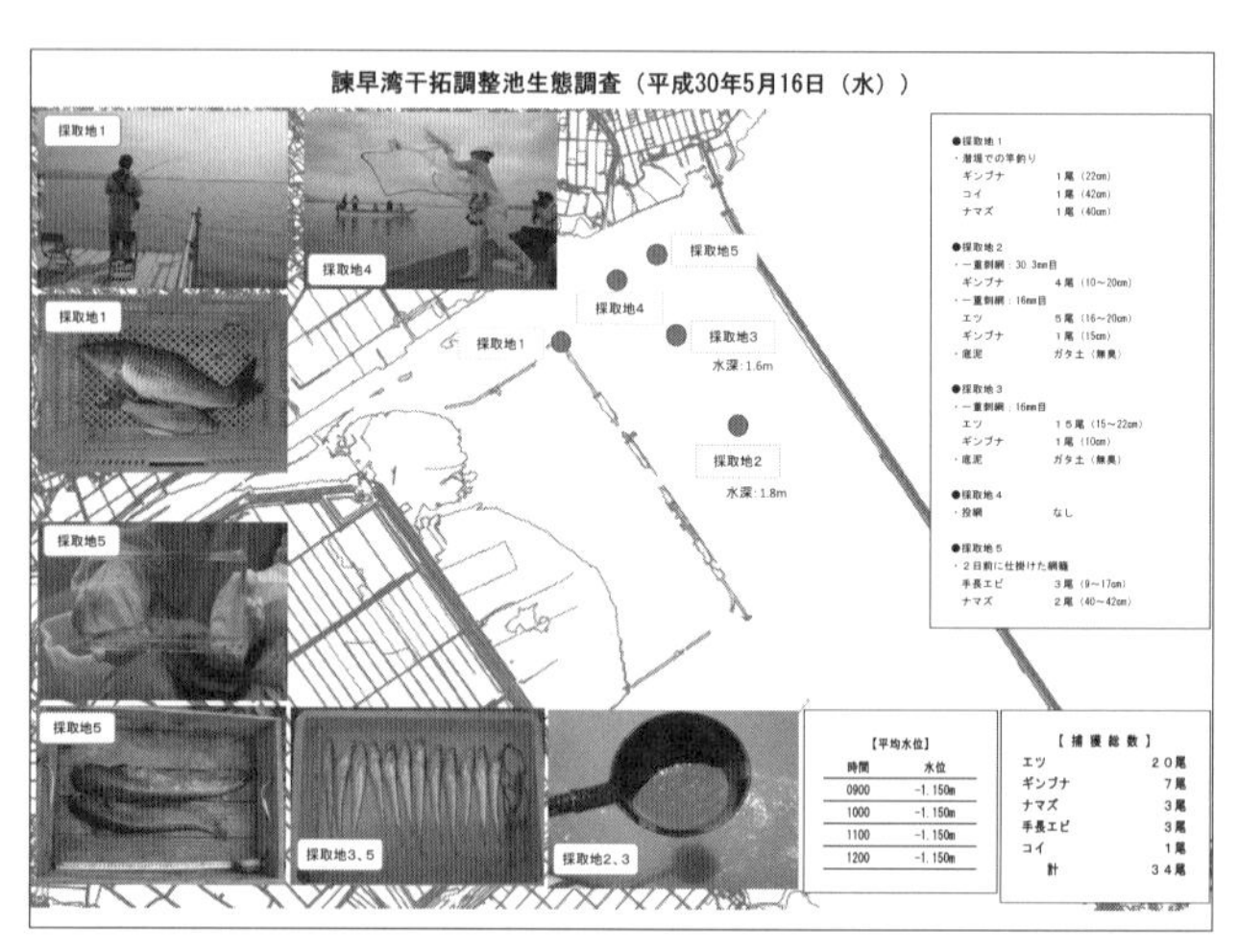

図ｂ　諫早市の調整池生態調査結果（諫早市ホームページより）

図ｃ　諫早市の調整池生態調査結果（諫早市ホームページより）

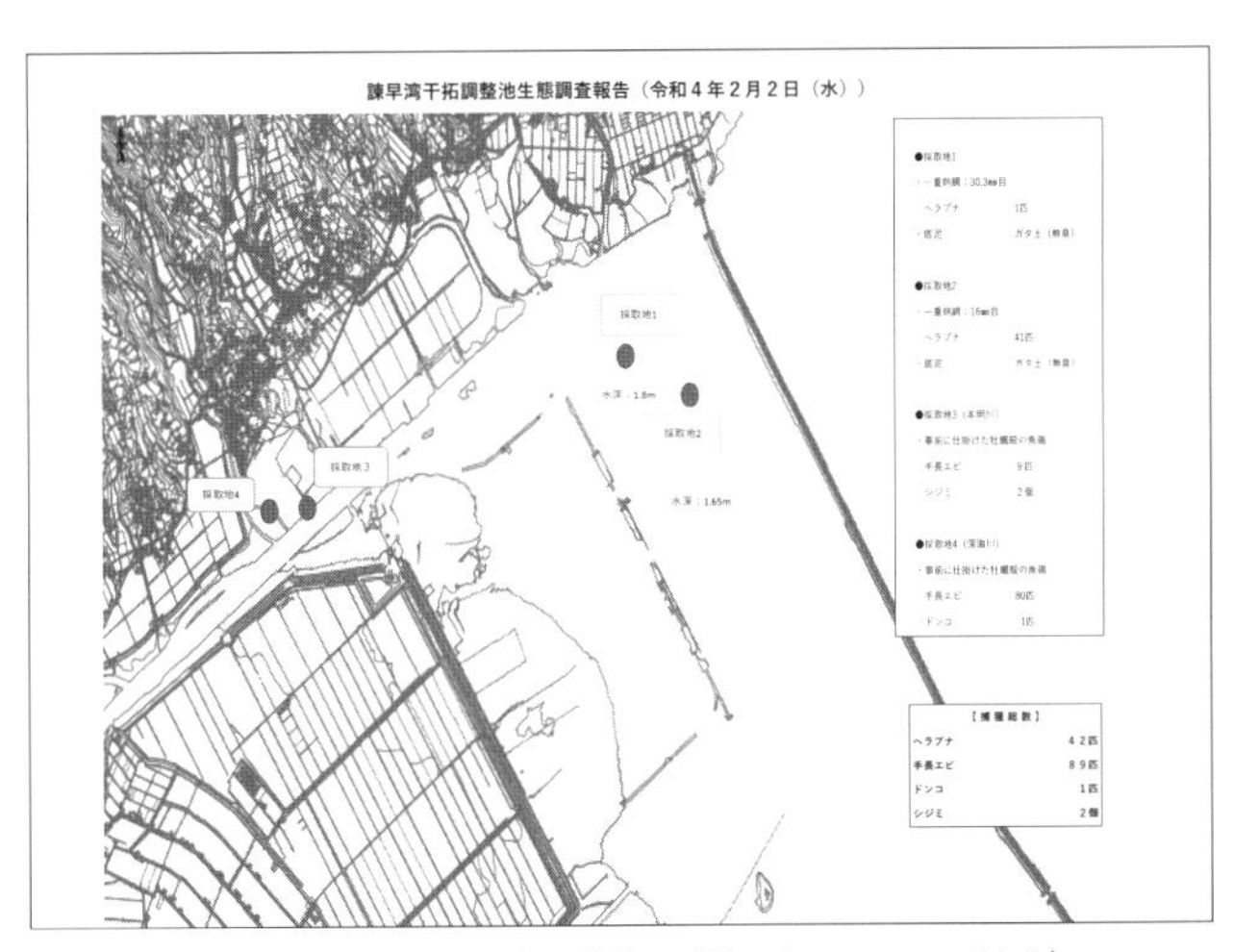

図ｄ　諫早市の調整池生態調査結果（諫早市ホームページより）

図ｅ　九州農政局パンフレット「諫早湾干拓事業の潮受堤防排水門の開門への協力のお願い」（2013 年 8 月）

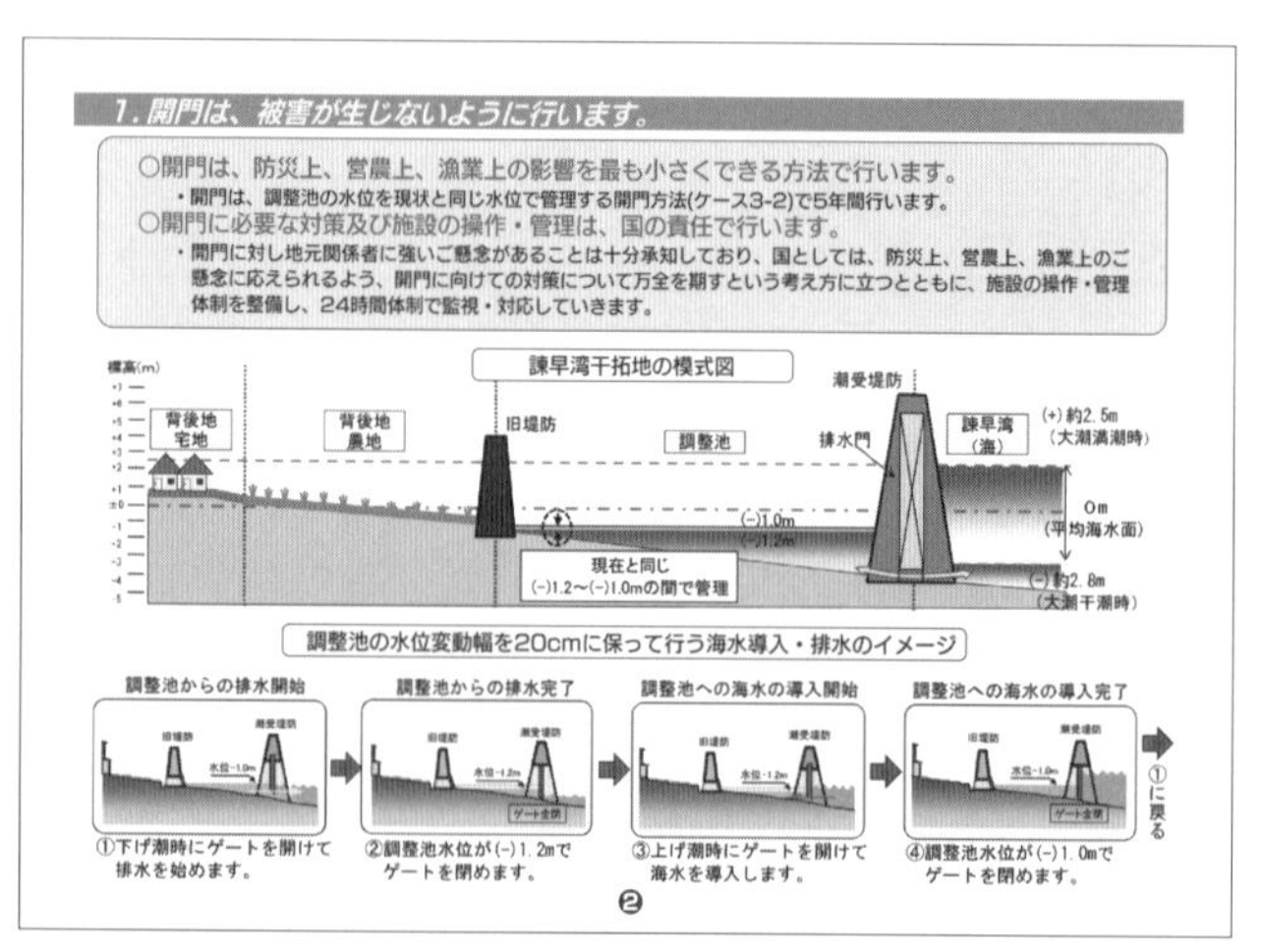

図ｆ　同パンフレット「1. 開門は、被害が生じないように行います。」

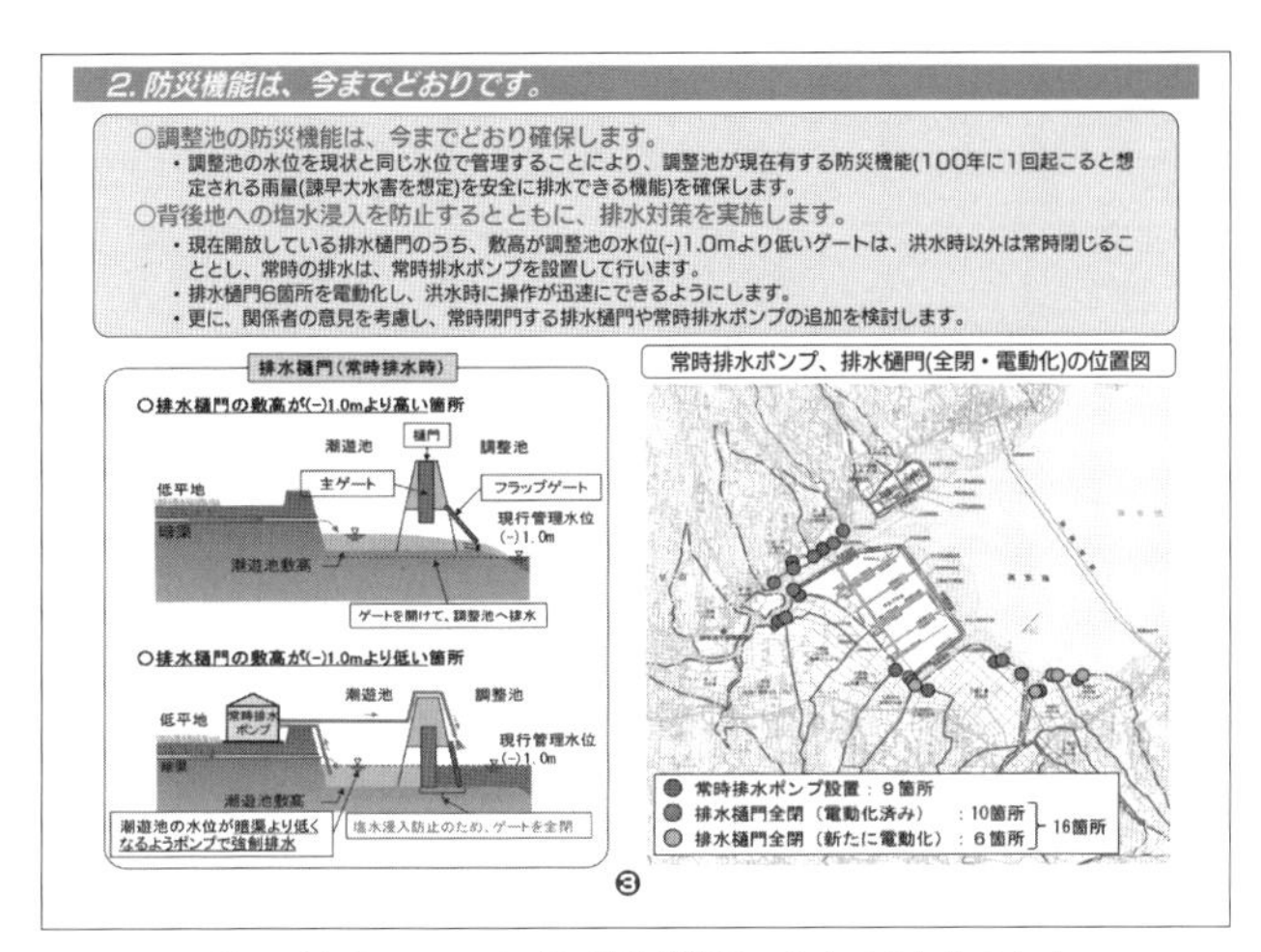

図g　同パンフレット「2. 防災機能は、今までどおりです。」

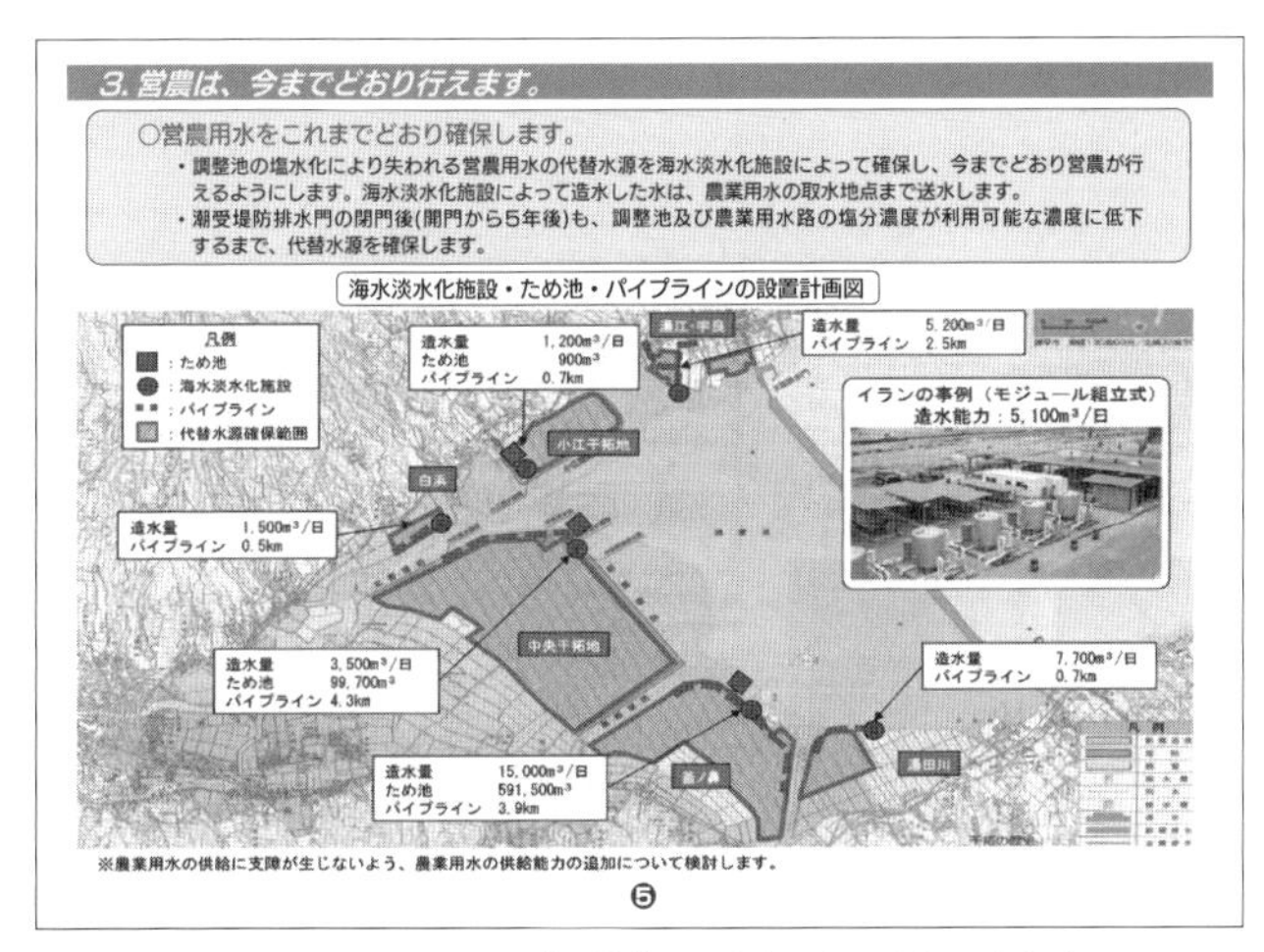

図h　同パンフレット「3. 営農は、今までどおり行えます。」

巻末資料

引用・参考文献

〈書籍など〉

中尾勘悟『有明海の漁』葦書房、一九八九年

山下弘文『だれが干潟を守ったか―有明海に生きる漁民と生物―』農山漁村文化協会、一九八九年

㈶諫早湾地域振興基金 編『諫早湾干拓のあゆみ』一九九三年

山下弘文『日本の湿地保護運動の足跡―日本最大の干潟が消滅する？　有明海諫早湾―』信山社、一九九四年

富永健司『新版「有明海」諫早湾の干潟と生活の記録』まな出版企画、一九九六年

山下弘文『西日本の干潟―生命あふれる最後の楽園―』南方新社、一九九六年

山下弘文『諫早湾　ムツゴロウ騒動記―二十世紀最大の環境破壊―』南方新社、一九九八年

佐藤正典 編『有明海の生きものたち―干潟・河口域の生物多様性―』海游社、二〇〇〇年

永尾俊彦『干潟の民主主義―三番瀬、吉野川、そして諫早―』現代書館、二〇〇一年

永尾俊彦『ルポ　諫早の叫び　よみがえれ　干潟ともやいの心』岩波書店、二〇〇五年

山野明男『日本の干拓地』㈶農林統計協会、二〇〇六年

宇野木早苗『有明海の自然と再生』築地書館、二〇〇六年

松橋隆司『宝の海を取り戻せ　諫早湾干拓と有明海の未来』新日本出版社、二〇〇八年

髙橋徹 編『諫早湾調整池の真実』かもがわ出版、二〇一〇年

山野明男『干拓地の農業と土地利用―諫早湾干拓地を中心として―』あるむ、二〇一四年
林重徳『沈黙の海・有明海　その不都合な真実』日刊工業新聞社、二〇一七年
田中克 編『森里海を結ぶ［3］いのち輝く有明海を　分断・対立を超えて協働の未来選択へ』花乱社、二〇一九年
『日本環境会議（JEC）「諫早湾干拓問題検証委員会」報告書　〝宝の海〟を再び！―日本一の干潟を取り戻そう』二〇二一年

〈雑誌・ブックレット・記事など〉

諫早干潟緊急救済本部 編「イサハヤ―見殺しにされる地球（イサハヤヒガタ）を誰が守るのか―」（游学舎、一九九七年）
永尾俊彦「諫早湾干拓とは何だったのか［8］壊れた自然環境と人間関係」（言論サイト「論座」二〇一三年九月四日）
佐藤正典「海をよみがえらせる―諫早湾の再生から考える」（岩波ブックレット№890、二〇一四年）
諫早湾開門研究者会議 編「諫早湾の水門開放から有明海の再生へ」（有明海漁民・市民ネットワーク、二〇一六年）
「有明海の環境と漁業　第1号」（有明海漁民・市民ネットワーク、二〇一六年）
「有明海の環境と漁業　第3号」（有明海漁民・市民ネットワーク、二〇一七年）
「有明海再生への道」（「ACADEMIA　№162」二〇一七年）
「有明海の再生に向けた東京シンポジウム」（「ACADEMIA　№168」二〇一八年）
「［特集］諫早湾干拓紛争の諸問題―法学と政治学からの分析」（「法学セミナー」二〇一八年一一月号）

「第10回有明海再生シンポジウム」（「ＡＣＡＤＥＭＩＡ」№.１７６」二〇二〇年）
「特集③ 諫早湾干拓問題の検証と今後の課題」（「環境と公害」二〇二〇年七月号）
「特集 １９９７年4月14日を忘れない　諫早から日本が見える」（「建築ジャーナル」二〇二一年四月号）
髙橋徹「陸と海のつながりを分断した諫早湾調整池」（「科学」二〇二一年三月号）
永尾俊彦「諫早湾干拓差し戻し審、福岡高裁が国の請求認める　漁業者側、最高裁に上告」（「週刊金曜日」二〇二二年四月二九日・五月六日合併号 一三七五号）
・毎日新聞
・朝日新聞
・読売新聞
・西日本新聞
・長崎新聞
・佐賀新聞
・宮崎日日新聞

〈行政関係〜報告書など〉
九州農政局・長崎南部地域総合開発調査事務所「諫早湾淡水湖造成に伴う湾外漁業に与える影響調査報告書（漁業編Ⅰ）」一九七七年五月
九州農政局・長崎南部地域総合開発調査事務所「諫早湾淡水湖造成に伴う湾外漁業に与える影響調査報告書（漁業

編Ⅱ)」一九七九年三月
九州農政局「長崎南部総合開発計画に係る環境影響評価書」一九七九年一二月
九州農政局「諫早湾干拓事業計画に係る環境影響評価書(案)」一九八六年七月
九州農政局「諫早湾干拓事業計画(一部変更)に係る環境影響評価書」一九九二年一月
九州農政局「諫早湾干拓事業開門総合調査報告書」二〇〇三年一一月
環境省、有明海・八代海総合調査評価委員会「有明海・八代海総合調査評価委員会 委員会報告」二〇〇六年一二月二一日
有明海・八代海等総合調査評価委員会「有明海・八代海等総合調査評価委員会 報告」二〇一七年三月
有明海・八代海等総合調査評価委員会「有明海・八代海等総合調査評価委員会 中間取りまとめ」二〇二二年三月

〈行政関係~資料・パンフレット・ホームページなど〉

長崎県「諫早湾防災総合干拓事業のあらまし~諫早湾地域の防災と干拓~」一九八四年
九州農政局諫早湾干拓事務所「諫早湾からの新たな一歩―干潟と地域の暮らし」二〇〇五年
「長崎県総合農林試験場研究報告(農業部門)第34号」二〇〇八年
長崎県「諫早湾干拓営農技術対策の指針」二〇〇八年三月
長崎県「諫早湾干拓地における大規模環境保全型農業技術対策の手引き」二〇一一年三月
九州農政局「諫早湾干拓事業の潮受堤防排水門の開門への協力のお願い」二〇一三年八月二三日
九州農政局「諫早湾干拓事業潮受堤防排水門の開門に伴う主な対策工事の概要」二〇一三年九月四日

九州農政局「諫早湾干拓事業の潮受堤防排水門の開門への協力のお願い—開門に対する皆様の疑問や懸念にお答えします」二〇一三年一〇月一八日
長崎県「今を、未来を、なぜ崩そうとするのですか？ 諫早湾干拓事業の歴史から潮受堤防排水門の開門による影響について—いっしょに考えてみませんか！」（日付なし）
長崎県「国営諫早湾干拓事業について」二〇一九年九月
農林水産省九州農政局ホームページ
農林水産省九州農政局・環境モニタリング調査
国土交通省 九州地方整備局 長崎河川国道事務所ホームページ
長崎県ホームページ
諫早市ホームページ
環境省 水・大気環境局、国土交通省 水管理・国土保全局 編「川の生きものを調べよう—水生生物による水質判定」

〈参考・引用番組〉

ふるさとの海に生きる「いつの日か父子船～長崎県・諫早湾～」（NHK、一九九八年一月一七日放送）
ETV特集「タイラギよ よみがえれ～長崎県・諫早湾～」（NHK、一九九九年二月二五日放送）
「変わりゆく干潟の海～長崎県・諫早湾～」（NHK、一九九九年八月一九日放送）
イブニングワイドながさき・リポート「諫早湾は今② 海はどうなっているのか？」（NHK、一九九九年一〇月一

四日放送）
九州沖縄一本勝負「検証・諫早湾水門～解放議論と漁業者～」（ＮＨＫ、二〇〇一年三月一六日放送）
九州沖縄スペシャル「失われた宝の海～諫早湾干拓　漁師たちの選択～」（ＮＨＫ、二〇〇八年三月一四日放送）
ＮＨＫスペシャル「〝清算〟の行方～諫早湾干拓事業の軌跡～」（ＮＨＫ、二〇一一年一月二九日放送）
実感ドドド！ドうなってるの⁉スペシャル「混迷・諫早湾干拓　海と生きる人々は今」（ＮＨＫ、二〇一九年一一月一日放送）
実感ドドド！「混迷・諫早湾干拓　干拓地の農業は今」（ＮＨＫ、二〇二〇年一月二四日放送）
目撃！にっぽん「諫早の海に生きて～長崎・巨大干拓事業の68年～」（ＮＨＫ、二〇二〇年二月一六日放送）
ＥＴＶ特集「引き裂かれた海～長崎・国営諫早湾干拓事業の中で～」（ＮＨＫ、二〇二〇年六月一三日放送）

NHK
ETV特集「引き裂かれた海～長崎・国営諫早湾干拓事業の中で～」

本放送：2020年6月13日

映像提供　イワプロ
語り　井芹美穂
撮影　中島広城
音声　浦志賢吾　岡崎浩二
映像技術　宮野恵祐
音響効果　小野潤二
編集　渡辺幸太郎
取材　岩下宏之
ディレクター　吉崎　健
制作統括　石田涼太郎　梅原勇樹

吉崎　健（ヨシザキ・タケシ）

1965年、熊本市生まれ。1989年にＮＨＫ入局。ディレクターとして熊本放送局、番組制作局・社会情報番組部、長崎局、福岡局、NHKプラネット九州支社、熊本局を経て、現在、福岡放送局エグゼクティブ・ディレクター。制作した主な番組に「写真の中の水俣～胎児性患者・6000枚の軌跡～」（1991年・地方の時代映像祭優秀賞）、「長崎の鐘は鳴り続ける」（2000年・文化庁芸術祭優秀賞）、「そして男たちはナガサキを見た～原爆投下兵士56年目の告白～」（2001年・アメリカ国際フィルム・ビデオ祭・クリエイティブ・エクセレンス賞）、「"水俣病"と生きる～医師・原田正純の50年～」（2010年・地方の時代映像祭優秀賞）、「花を奉る　石牟礼道子の世界」（2012年・早稲田ジャーナリズム大賞）、「原田正純　水俣　未来への遺産」（2012年・放送文化基金賞テレビドキュメンタリー番組賞）、「水俣病　魂の声を聞く～公式確認から60年～」(2016年・放送文化基金賞奨励賞)、「引き裂かれた海～長崎・国営諫早湾干拓事業の中で～」(2020年)など。芸術選奨文部科学大臣新人賞（2014年）。著書に『ドキュメンタリーの現在　九州で足もとを掘る』（共著・石風社、2023年）など。

論創ノンフィクション 042

引き裂かれた海　――長崎・国営諫早湾干拓事業の中で

2023年9月1日　初版第1刷発行

著　者　吉崎 健

発行者　森下紀夫

発行所　論創社

東京都千代田区神田神保町 2-23　北井ビル

電話　03（3264）5254　振替口座　00160-1-155266

カバーデザイン　奥定泰之

組版・本文デザイン　アジュール

校　正　小山妙子

印刷・製本　精文堂印刷株式会社

編　集　谷川 茂

ISBN 978-4-8460-2238-9 C0036